생명의 온기 가득한 우리 숲 풀과 나무 이야기

광릉 숲에서

보내는 편지

생명의 온기 가득한 우리 숲 풀과 나무 이야기

광릉 숲에서

보내는 편지

이유미 지음

GEOBOOK

'광릉 숲에서 보내는 편지'를 시작하며

소소하지만 생명의 온기 가득한
우리 숲 풀과 나무이야기

철철이 피고 지는 식물들. 그리고 그 속에 감추어진 식물들의 이야기를 엮어보자고 했습니다. 그냥 문화적인 이야기나 식물학적인 지식의 나열이 아니라 늘 곁에 있어 사소하거나 흔하지만, 씩씩하게 살아가는 식물들의 이야기 말입니다. 마음을 열고 귀 기울이다 보면 저절로 그 속에 숨어있는 과학과 삶의 진실을 발견하는 이야기.

그래서 이야기의 끝머리에서 "아하! 그렇구나"하는 새삼스런 발견의 즐거움을 알려주는 그런 이야기 말입니다.

오랫동안 식물공부를 해왔지만 어느 누구 친절하게 이러한 이야기를 알려준 사람이 없었던 까닭에 책이나 인터넷을 뒤져보아도 속 시원하게 혹은 내 입맛에 맞는 정보는 찾아내기 어려운 까닭에 이러한 시도는 참 벅찬 일이다 싶기는 합니다.

그래도 많은 사람들이 제비꽃의 작은 꽃잎 속에, 바람에 날리는 민들레의 솜털 달린 씨앗 속에 감추어진, 우주처럼 다양하고 재미난 세상을 알았으면 했습니다. 그래야 관심도 갖고, 사랑도 하고, 과학도, 자연사랑도, 아름다운 시와 노래도 나올 수 있을 테니까요.

부족한 글머리를 열며 너무 거창한 마음을 품었나 봅니다. 이러한 이야기를 아우르는 제목을 생각하면서 자꾸만 '꽃과 나무 이야기'가 떠올랐습니다. 꽃과 나무는

너무 흔히 쓰는 말이기에 다른 어떤 말도 이보다 자연스럽지는 않지요. 하지만 우리가 이토록 당연하게 쓰고 있는 꽃과 나무는 모순이 있는 말입니다.

생각해보세요. 우리가 아는 꽃이라는 단어 속에 포함된 이미지는 풀입니다. 그 상대어로 나무를 생각하고 있는 것이지요. 그러나 나무의 상대어는 꽃이 아니고 풀입니다. 또 꽃은 나무든 풀이든 상관없이 모두에게 달리는, 후손을 퍼뜨리기 위해 몸부림치는 식물의 생식기관입니다.

벚나무나 산수유, 소나무들은 분명 나무이지만 꽃이 피구요. 민들레나 제비꽃은 꽃이 피는 풀일 뿐입니다.

소나무에도 꽃이 피냐구요? 물론입니다. 꽃이 피니까 솔방울 같은 열매도 맺지요. 소나무는 겉씨식물로 화려한 꽃잎을 가지고 있지 않아 눈에 잘 띄지 않을 뿐입니다. 꽃이 없다는 뜻을 가진 무화과나무도 꽃이 없는 것이 아니라 숨어 있어 눈에 잘 띄지 않는 것입니다.

앞으로 '꽃과 나무'가 아닌 '풀과 나무', 즉 식물이 살아가는 이야기를, 이들을 구성하고 있는 꽃, 열매, 혹은 잎들의 변화무쌍한 세계를 함께 풀어갑니다. 주변에 살고 있는 풀과 나무의 종류를 함께 배우면서 말이죠.

생명의 온기 가득한 우리 숲 풀과 나무 이야기
광릉 숲에서 보내는 편지
2 0 0 2

봄

여름

백목련은 왜 북쪽을 향해 필까? _12
개나리 열매 보셨나요? _15
뒷산 진달래 이젠 추억 속으로… _18
장하고 대견한 변산바람꽃 _21
암꽃 수꽃 따로 피는 은행나무 _24
봄바람 타고 떠도는 씨앗들의 소풍 _27
키 작은 토종 민들레가 그립습니다 _30
지혜로워서 더 예쁜 소나무꽃 _33

들녘 기름지게 하던 자운영 _38
꾀 많은 산딸나무 _41
조릿대야, 괜한 미움 받았구나 _44
자연순리 가르치는 제주조릿대 _47
두릅나무는 가시로 새순을 보호해 _50
덩굴식물은 꾀쟁이 _53
가시연꽃 씨앗은 개구리알 닮았죠 _56
세계에서 가장 키 큰 나무는 111m _59
자귀나무는 부부금슬 상징 _62
나무도 물을 좋아하지만… _65
어둠을 밝히는 환한 미소 _68
부레옥잠의 두 얼굴 _71

'광릉 숲에서 보내는 편지'를 시작하며 _4
책으로 묶어내며 _314

가을

물옥잠아, 네가 부럽구나 _76
옥수수의 놀라운 의지 _79
대추나무 시집보내는 까닭 _82
코스모스 한 송이는 작은 우주 _85
밤송이에 가시가 가득한 까닭 _88
도토리는 떫은맛이 무기 _91
단풍은 체념과 슬픔의 표현 _94
잣은 2년 인고의 결실 _97
나무들의 해거리를 아시나요 _100
남쪽지방에 잣이 열리지 않는 이유? _103
씨앗이 여행을 떠나는 이유는? _106
낙엽을 바라보며 _109

겨울

겨울에 보는 겨우살이 이야기 _114
받을줄만 아는 겨우살이 _117
인고의 역사 나이테 _120
소나무의 월동준비 _123
겨울눈 속에 담긴 봄 _126
희망의 상징 겨울눈 _129
숲에 내린 겨울눈 _132
생명력 질긴 바닷가 식물 _135
새와 공생하는 동백나무 _138
2,000년 견딘 연꽃 씨앗 _141
사과에 담긴 과학 _144
사과나무가 꽃 피기까지… _147
남보다 부지런한 잡초 _150
고구마는 뿌리 감자는 줄기 _153

생명의 온기 가득한 우리 숲 풀과 나무 이야기
광릉 숲에서 보내는 편지
2 0 0 3

봄

여름

산불 걱정, 산림 걱정 _158

고로쇠나무의 값진 선물 _161

벚꽃 필 무렵 _164

나무심기, 늦추지 마세요 _167

'씨앗 생명' 깨우는 물 _170

뿌리 솜털의 저력 _173

영리한 난초 _176

크고 별난 라플레시아 _179

성 전환하는 천남성 _182

천덕꾸러기로 오해 받는 아까시나무 _185

아까시나무의 꿀과 가시 _188

식충식물 끈끈이귀개 _194

두 얼굴의 끈끈이주걱 _197

여름, 숲이 시원한 이유 _200

선인장의 생존 지혜 _203

네잎클로버의 진실 _206

순채가 버린 것과 얻은 것 _209

여름숲 요정 산형과 식물 _212

능소화의 꽃가루 _215

못다 이룬 사랑 상사화 _218

물속 식물은 숨 안찰까 _221

꽃잎 닫힌 여름 금강제비꽃 _224

닭의장풀의 비밀 _228

버섯은 식물이 아닙니다 _231

가을

타래난초 1_역발상 생존법 _236
타래난초 2_약삭빠른 진화 _239
식물이 동물보다 한 수 위 _242
흙을 뭉치는 석산 뿌리는 단결상징 _245
북녘 향수에 일찍 물드는 나무들 _248
철모르는 가을 벚꽃 _251
살 길 찾아 나온 질경이 _254
겨울이 있어 봄이 빛납니다 _257
가을열매 1_열매가 붉은 이유 _260
가을열매 2_고운데 맛이 없는 이유 _263
천선과나무와 벌의 엇갈린 운명 _266
도꼬마리 열매 _269
타임캡슐처럼 땅속에서 보낸 100년의 기다림 _272

겨울

새에게만 꿀 주는 동백꽃 _278
한 송이 국화꽃 피우려고 그리도 긴 밤이 _281
상록활엽수의 추위 대처법 _284
복제되는 식물 1_처녀치마 _287
복제되는 식물 2_조직배양 _290
추위 녹이는 앉은부채 _293
규칙과 자유로움의 조화 _296
할미꽃, 식물도 털 없인 못 살아요 _299
두 얼굴의 풀 쇠뜨기 _302
겨울을 견디고 돋아나는 냉이 _305
빠져들수록 멋진 양치식물의 세계 _308
5년 기다려 꽃피는 얼레지 _311

봄
2002

백목련은 왜 북쪽을 향해 필까?
개나리 열매 보셨나요?
뒷산 진달래 이젠 추억 속으로…
장하고 대견한 변산바람꽃
암꽃 수꽃 따로 피는 은행나무
봄바람 타고 떠도는 씨앗들의 소풍
키작은 토종 민들레가 그립습니다
지혜로워서 더 예쁜 소나무꽃

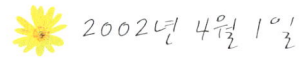 2002년 4월 1일

백목련은 왜 북쪽을 향해 필까?

백목련

봄볕을 받는 남쪽 방향의 꽃잎이 더 빨리 자라는 백목련

온 세상의 환희가 잠자고 있던 꽃눈에 가득 들어차면 비로소 한 겹 한 겹 피어나는 백목련. 맑음과 밝음이 꽃잎에 함께 배어난 백목련 가득한 봄날 거리는 눈이 부십니다. 아주 오래도록 이 꽃나무를 보아 왔지만 매년 어김없이 설렙니다. 봄기운이 완연해서 더욱 그런지도 모르겠습니다.

아름다운 꽃을 피우는 이 나무의 이름을 부를 때는 주의해야 할 일이 하나 있습니다. 목련과 백목련을 구별해야 한다는 것입니다. 이 두 나무는 서로 다른 종류의 식물입니다. 까치와 까마귀가 같은 까마귀과에 속해 있지만 서로 다른 종(種)이듯이 말입니다.

더 흔하고 유백색의 꽃을 피우는 것은 중국이 고향인 백목련입니다. 그냥 목련(왜 우리 목련 앞에 '그냥'이란 글자를 붙여가며 설명해야 하는지 조금은 답답합니다.)은 제주도가 고향이며 육지에도 더러 심기는 하지만 흔치 않은 나무입니다. 백목련보다 더 일찍 꽃이 피고, 꽃 색깔이 더 희지요. 목련이란 우리 이름을 두고 '고부시'란 일본이름으로 더 많이 불리는 억울한 나무입니다.

정작 하고 싶은 이야기는 백목련의 꽃봉오리 이야기입니다. 봄이면 백목련의 겨울눈은 부풀어 오르기 시작합니다. 이미 지난겨울에 만들어진 연한 꽃잎이 모진 추위에 얼어버리는 것을 막기 위해, 우리가 두꺼운 털코트를 입듯 회색 털이 난 질긴 껍질에 싸여 지내다 봄기운을 느끼면 조금씩 커지며 벌어지기 시작합니다. 이때 정말 신기한 것은 이 꽃봉오리가 대부분 북쪽을 향한다는 사실입니다.

아침 출근길에 막 피어나는 백목련 꽃봉오리를 만나긴 했을 텐데요. 이 사실을 알고 계셨나요? 미처 못 보고 지나치셨다고요? 요즘같은 때 공원이나 거리 등에서 흔하디 흔하게 눈에 띄는 백목련이지만 눈여겨볼 만큼 관심을 두지 못했을 테지요. 어쨌든 옛 사람들은 이 꽃나무를 두고 '북향화'라고 부르기도 하고, 임금님이 계신 북쪽을 바라보는 '충정의 꽃'이라고도 했습니다.

그런데 백목련은 왜 북쪽을 바라볼까요? 해바라기처럼 햇빛을 따라가는 것도 아닌데. 아주 오랫동안 궁금했던 그 이유를 비교적 최근에

백목련

알게 되었습니다. 나무에 대해 쓴 제 책에 이 원인을 알 수 없어 기초과학의 부재를 한탄한 대목도 있답니다.

바로 햇빛 때문이랍니다. 봄 햇살을 잘 받을 수 있는 남쪽 방향으로 향한 겨울눈의 생장호르몬이 더 왕성하게 분비되어 더욱 빨리 자라나 벌어지게 되니 자연스레 꽃봉오리가 북쪽을 향해 굽은 것이지요. 알고 보면 간단한 일이죠.

백목련의 꽃봉오리 방향을 한번쯤 눈여겨보는 일, 혹은 백목련과 목련을 구별해 보는 일도 재미있을 것 같습니다. 또한 하얀 꽃이 피는 목련 종류도 있지만 꽃잎의 겉만 자줏빛이고 안은 하얀 '자주목련'이나 겉과 안이 다 자줏빛인 '자목련'도 요즘 많이 피어나지요. 우리가 흔히 보는 목련은 몇 종류 안 되지만 목련 집안에 속하는 식물은 그 종류가 세계적으로 400여 종이나 된답니다.

이처럼 사소한 듯하지만 자연에는 우리가 잘 모르고 있던 수많은 일이 벌어지고 있다는 사실을 다시 한번 생각해보며 이 봄을 맞이하면 어떨까요.

 겨울눈은 남쪽 방향에 생장호르몬이 더 왕성하게 분비됩니다.

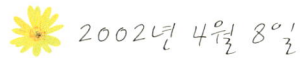 2002년 4월 8일

개나리 열매 보셨나요?

개나리

손쉬운 자기복제로 번식을 하다가 갑자기 사라질지도 모를 개나리

온 거리에 봄이 넘쳐납니다. 꽃으로, 대지의 기운으로, 혹은 연둣빛 새순으로. 제가 몇 년 전부터 이런 봄이면 찾아다니는 나무가 있는데 바로 개나리입니다. 이즈음이면 온 거리마다 노란 칠을 한 듯 샛노란 개나리의 물결인데 새삼스럽게 무슨 개나리를 찾아다니느냐고요?

　개나리는 거리와 마당, 공원에는 있지만 산에는 없습니다. 산에서 절로 자라는 개나리는 아직까지 발견되지 않았기 때문입니다. 개나리는 세계적으로 11종류이고 원예품종은 40종이 넘습니다. 무엇보다도 '골든 벨(Golden bell)', 즉 황금 종이란 예쁜 이름을 가진 원예품종이 온 지구인의 사랑을 받고 있죠. 그 중에서 개나리의 학명(學名)은 포시티아 코레아나(*Forsythia koreana*)로 한국을 대표하는 특산식물임을 알려주고 있습니다. 그래서 한참 자랑을 하려는데 부러 심지 않은, 절로 자라나는 자생지를 찾을 길이 없는 것이지요.

그저 전남 대둔산부터 북쪽으로는 묘향산까지 전국에서 자란다는 기록만 정태현박사가 쓴 『한국식물도감(1957)』에 있을 뿐입니다. 물론 개나리의 형제인 산개나리나 만리화 같은 종류가 북한산이나 설악산 같은 곳에서 드물게 자라기는 합니다만 우리가 찾고 싶은 개나리와는 조금 다른 종류이지요.

그래도 이렇게 개나리가 많은데 구태여 어렵게 자생지를 찾을 필요가 있겠냐고 물으시겠지요? 물론 있습니다. 거리의 개나리에서는 좀처럼 열매를 찾아보기 어렵습니다. 개나리를 모르는 분이 없겠지만 열매의 생김새를 기억하고 계시는 분은 거의 없을 듯 합니다. 개나리는 물론 모든 식물들은 서로 다른 유전자를 가진 수꽃의 꽃가루와 암꽃의 씨방이 만나 새로운 씨앗을 잉태하고 그렇게 새로운 모습으로 유전자가 퍼져나가야 합니다. 그런데 우리 주변에 볼 수 있는 개나리는 대개 줄기를 잘라 흙에 꽂아서 뿌리를 내린 것입니다. 부모를 닮은 자식이 아니라 부모와 똑같은 복제품을 대량 생산하게 된 셈입니다. 이렇게 대량 복제로 번식하다보니 개나리들은 열매를 맺을 기회가 점차 없어지고 구태여 맺을 필요가 없으니 나태해진 모습이지요.

하지만 어느 날 사람들이 개나리가 싫증나서 개나리가 자라던 곳에 다른 꽃나무를 찾아 심는다면 개나리는 순식간에 사라질 것입니다. 자연 상태에서 스스로 열매를 만들어 내서 씨앗을 퍼뜨리고 살아갈 힘을 잃어버렸으니까요. 그러니 거리에 개나리가 아무리 많아도 많은 것이 아닌 셈이지요.

오늘 문밖으로 나가 개나리를 보십시오. 개나리의 꽃은 모두 같아 보여도 아주 드물지만 암꽃과 수꽃 두 가지가 있습니다. 꽃잎은 네 갈래로 갈라져 있고 그 속에 두 개의 수술이 서로 마주

개나리의 수꽃(위)과 암꽃(아래)

보고 있으며 윗부분의 꽃밥은 서로 뭉쳐 있습니다. 암술은 거의 퇴화되어 수술 틈에 수술보다 더 조그맣게 한 개가 나있는데 제 구실을 못하지요. 이런 꽃이 바로 수꽃이며 우리 주변엔 대부분 이런 수꽃들만 있습니다. 아주 드물지만 때때로 가운데 있는 암술이 발달하여 수술보다 더 높게 솟아난 꽃이 있는데 바로 암꽃입니다. 수꽃의 꽃가루가 바로 이렇게 생긴 암꽃의 암술머리에 닿아야만 비로소 씨앗이 만들어 질 수 있습니다.

만일 운이 좋게도(정말 네잎클로버를 찾는 것 같은 행운 말입니다.) 이러한 암꽃을 만난다면 지켜봐 주세요. 꽃이 지고 잎이 무성해져 세상을 노랗게 물들일 것 같던 개나리꽃도 사람들에게 잊혀져 갈 무렵이면 이 암꽃들이 작지만 위대한 결실을 맺을 것입니다. 바로 열매 말입니다.

2002년 4월 15일

뒷산 진달래 이젠 추억 속으로…

진달래

숲이 우거지고 땅이 비옥해져서 사라지는 진달래 군락

숲 사이에 퍼지듯 피어나는 진달래는 어쩌면 이렇게 해마다 마음을 흔들어 놓는지. 자라오면서 가장 먼저 외웠던 시도 '가시는 걸음 걸음 놓인 그 꽃을 사뿐히 즈려 밟고' 가시라던 김소월 시인의 진달래꽃이 었습니다. 꽃으로 만든 음식도 먹을 수 있다는 소박한 사치의 즐거움을 처음 알게 해주었던 것도, 연분홍 고운 꽃잎을 올려놓고 부치던 진달래 화전이었습니다.

누군가와 헤어져 돌아오던 길, 그 꽃빛이 슬퍼서 펑펑 울어본 경험도 바로 진달래를 통해서였습니다. 우리보다 위 연배인 어른들은 산과 들을 헤매며 진달래 꽃잎으로 허기를 달래던 유년시절의 기억을 보탤 수 있겠지요. 정말 진달래는 우리네 마음 속으로 들어와 앉은 우리의 나무입니다.

그런데 웬일인지 요즈음은 흐드러진 진달래꽃 구경을 숲에서도 하기가 쉽지 않습니다. 도시가 아니라 산 이야기 입니다. 아직도 온통 진달래뿐인 산등성이에서는 진달래꽃 축제가 벌어지기도 하지만 예전처럼 방방곡곡 어딜 가나 지천이던 그 시절은 이미 아닌 듯합니다.

그 이유는 참 이상한 말이지만 숲이 좋아지고 있기 때문입니다. 옛날 우리의 산이 헐벗었던 시절만 해도 진달래와 소나무가 우리 숲의 주인이었는데 이제는 참나무를 비롯한 다양한 풀과 나무들에게 자리를 내어주고 쫓겨나고 있는 것이지요. 예전에 우리 산이 헐벗었던 이유는 산에서 땔감을 구하느라 나무를 베어가고 또 낙엽도 모두 긁어 갔기 때문입니다. 그러니 나무가 사라진 숲은 엉성하기 짝이 없고 숲 바닥을 이루고 있는 토양에는 유기물이 생겨날 수가 없었지요. 바로 척박한 산성토양이 된 거죠. 산성토양에서 잘 자랄 수 있는 나무들은 극히 제한적입니다. 진달래만이 산성토양에 유난히 생존력이 강해 경쟁자 없이 세력을 확장하며 잘 살 수 있었지요. 또 소나무 숲이 내놓은 방어물질에 대한 적응력이나, 햇볕이 잘 드는 숲, 이 모두가 진달래에게 유리한 점이었지요. 그러니 키 큰 소나무 숲 아래 어우러진 키 작은 진달래는 전형적인 우리 숲의 모습이었습니다.

하지만 그동안 우리의 숲이 양수림인 소나무 숲에서 음수림이며 낙

진달래

　엽활엽수인 참나무 숲으로 점차 변해가며 숲이 우거져 그늘이 지게 되니 진달래에게는 아주 나쁜 조건이 된 것이고요. 또 땅은 비옥해져 많은 식물들이 들어와 살게 되면서 진달래가 경쟁에서 밀려나고 있는 것이지요.

　그러니 슬퍼해야 할지 기뻐해야 할지 잘 모르겠습니다. 하지만 세상이 변하듯 숲도 변하고 있으니, 뒷산의 진달래는 못 먹어 배고프던 시절의 추억처럼 가슴 끝에 묻어 두어야 할 때가 된 것 같습니다. 혹시 모르겠습니다. 훌륭한 육종가가 이 끈질긴 생명력과 독특한 빛깔을 가진 진달래 핏줄을 가지고 새로운 진달래 품종을 만들어 우리네 정원은 물론 세계에 퍼뜨리게 될지. 그렇게 된다면 진달래가 이 시대에 알맞은, 새로운 모습으로 다시 우리 곁으로 다가설 날이 올 수도 있겠지요.

2002년 4월 22일

장하고 대견한 변산바람꽃

변산바람꽃

경쟁식물 출현 전 봄볕 독차지하는 키 작은 봄꽃들

복수초, 깽깽이풀, 노루귀, 홀아비바람꽃, 변산바람꽃…. 이름만 들어도 정다운 이 꽃들은 봄이 되면 우리의 산과 들에서 피고 지기를 거듭하며 열심히 살고 있는 우리 식물들입니다.

흔히 봄꽃 소식은 백목련이나 개나리로 시작하지만 저는 올 봄을 세상에서 우리나라에만 있는 변산바람꽃을 찾아나서며 시작했습니다. 변산바람꽃이 하늘하늘 저 남도의 산자락에서 가녀린 줄기를 올려 꽃을 피우는 모습을 처음 만났을 때, 참 장하고 대견스러웠습니다. 이 부지런한 꽃은 3월 초에 벌써 꽃가루받이를 끝내버렸고 그 자리에선 벌써 열매가 익어가고 있습니다.

그 뒤를 수많은 봄꽃들이 다투어 피어납니다. 분홍빛, 흰빛, 보랏빛 꽃송이들을 먼저 올려 보낸 다음 노루의 귀처럼 흰 솜털이 가득 덮이고 돌돌 말린 잎을 뒤늦게 따라 보낸 노루귀, 순결한 하얀 꽃들을 외롭고 쓸쓸하게 하나씩 달고 있는 홀아비바람꽃, 하늘을 담은 물빛처럼 푸른빛 꽃에 모양까지 독특한 가지가지의 현호색 등. 지금 숲으로 가면 이 모두를 만날 수 있답니다.

그리고 보니 봄에 꽃을 피우는 풀들은 유독 키가 작습니다. 아무리 풀이라고 해도 사람보다 더 크게 자라는 풀들도 얼마든지 많은데 말입니다. 왜 봄꽃들은 키가 작을까요? 바로 살아가는 전략 때문입니다. 세상에 걱정이라곤 하나도 없을 것만 같은 이 청순하고 사랑스러운 꽃들도 사실은 공정하고 엄격한 자연 속에서 서로 경쟁을 하며 살아갑니다. 때론 빛을, 때론 수분을, 때론 양분을….

현호색

높이 자란 나무들이 아직 잎을 내지 않아 봄볕이 그대로 쏟아지는 봄의 숲 속은 이 작은 풀들에게 아주 유리한 시기이지요. 그러니 서로 키를 올려가며 볕을 나눌 필요가 없습니다. 이들이 살아가는 데 필요한 전략은 키를 키우는 데 에너지를 낭비하지 않고 다른 경쟁자들이 숲 속에

출현하기 전에 빨리 꽃을 피우고 결실까지 끝내버리는 것이지요. 그리곤 느긋하게 잎을 내고 천천히 영양분을 만들어 뿌리에 저장하기도 하죠. 물론 성격이 급한 식물들은 여름이 오기 전에 지상에서 흔적도 없이 사라지기도 합니다.

노루귀

백두산 같은 고산지역이나 여름이 아주 짧은 툰드라 지역에 사는 식물들도 작은 키로 짧은 여름동안 일제히 꽃을 피우지요.

그런데 늦은 봄이나 여름철에 꽃이 피는 풀들은 대부분 잎을 내고 키를 충분히 키운 후에 꽃이 달립니다. 비슷한 시기에 자라는 경쟁식물끼리 좀더 많은 볕과 공간을 차지하려고 자꾸 키를 높이기도 하고 또는 우거져서 눈에 띄지 않는 꽃을 곤충들이 잘 찾아오게 하려고 색깔을 화려하게 하거나 짙은 향기를 뿜는 등 여러 가지 장치를 마련하느라 애를 씁니다. 키 작은 봄꽃들에게는 불필요했던 노력이지요.

그러고 보니 봄꽃들의 부지런함이 더욱 돋보이기도 합니다. 뒤늦게 철들어 공부하면 더욱 어렵고, 남보다 앞선 생각을 하면 성공이 더욱 가깝다고 하죠. 사람 살아가는 이치와 어쩜 이렇게 비슷한지 모르겠습니다.

 키작은 봄꽃들도 서로 경쟁하며 살아갑니다. 때론 빛을, 때론 수분을, 때론 양분을…

2002년 4월 29일

암꽃 수꽃 따로 피는 은행나무

은행나무의 수꽃차례(왼쪽)와 암꽃(오른쪽)

수나무가 꽃가루 날려야 꽃가루받이 이루어져

오랜만에 도시의 거리로 나가니 벌써 나뭇잎이 많이 자라 버렸더군요. 도시의 나무들은 계절을 앞서 가는 도시의 여인처럼 자연의 시간을 훨씬 앞지르고 있었습니다. 나무가 새순을 막 내놓은 귀엽고 사랑스러운 순간을 놓치고 말았습니다. 말랑말랑 여리고 작고, 때론 솜털이 보송한 싹을 부끄럽게 내놓은 모습이 갓 태어난 아기처럼 예쁜데 말입니다.

아직 햇볕을 충분히 받지 못해 제대로 초록빛을 내지 못하면서도, 뒤집기를 하느라 안간힘을 쓰는 아기처럼 열심히 자라 오릅니다. 어린 나뭇잎들은 크게 자랐을 때와 사뭇 다른 모습을 하기도 합니다. 잎은 자라면서 점점 큐티클층이 생겨나 두꺼워지고 엽록소도 많이 생겨 색깔이

짙어지죠. 모진 바람, 변화무쌍한 환경의 변화, 때론 오염에 찌들어도 이를 극복할 수 있을 만큼 강해진답니다. 종(種)의 특성도 하나 둘 뚜렷하게 나타납니다. 살아가면서 어린 시절의 순결했던 마음도, 보드랍던 피부도 점차 잃어버리고 세상과 적응하며 살아가는 우리네 사람들의 모습과 역시 같다는 생각이 듭니다.

  은행나무 이야기를 하려다가 서두가 너무 길어졌습니다. 은행나무의 잎이라고 하면 모두 노랗게 물든 가을 단풍을 생각하지만 새로 난 연둣빛 작은 잎들도 참 귀엽답니다. 그 잎 사이에서 꽃이 핍니다.

  은행나무에게 꽃이 있던가? 고개를 갸우뚱하신다면 맨 처음 제가 보낸 편지를 잊으신 것이지요. 고등식물들은 모두 꽃을 피웁니다. 구태여 사람과 비교하자면 여자에 해당하는 암술과 남자에 해당되는 수술이 꽃송이 안에 함께 있거나, 소나무처럼 암술이 있는 암꽃과 수술이 있는 수꽃이 따로 있지만 한 나무에 피는 종류도 있고, 은행나무처럼 아예 서로 암꽃과 수꽃이 서로 다른 나무에 각각 달리는 경우도 있지요. 암나무에는 암꽃만 피고 열매를 맺으며, 수나무에는 수꽃만 피고 열매가 없습니다.

  하지만 암꽃 혼자 결실을 맺을 수 있는 것이 아니어서 암나무 근처 어디에선가 수나무가 꽃가루를 날려 보내야만 꽃가루받이가 이루어지는데 그 거리가 수백 미터에 달해도 가능하다고 합니다. 그래서 은행나무도 마주봐야 열매를 맺는다는 말이 있는 것이지요.

  은행나무 수꽃은 실제로 눈에 잘 띄지 않습니다. 수꽃은 황록색으로 수십 개의 꽃이 꽃줄기에 붙은 꽃차례로, 길이는 2~3cm쯤 됩니다. 꽃은 모두 화려한 꽃잎을 가졌다는 선입견만 버리면 찾을 수 있지요. 암

노랗게 물든 은행나무 잎

꽃은 아주 작은 숟가락처럼 생겼습니다. 은행나무의 수꽃가루는 유일하게 편모를 달고 있어서 스스로 몸을 이동시킬 수 있는데 이를 '정충'이라고 부릅니다. 그래서 은행나무는 진화가 덜 된 채 오래도록 살아남았다고 해서 화석식물이라고 부르고 있습니다.

  도시의 거리는 은행나무 가로수를 지나지 않고는 10분을 걷기 어려울 만큼 은행나무가 많은데 지금까지 은행나무의 꽃을 보지 못했다면 그동안 우리 곁에서 살고 있는 나무에게 얼마나 무관심했는지를 알려주는 증거랍니다. 오늘 나가서 여린 잎 사이에 피어난 은행나무 꽃을 꼭 한번 찾아 보세요.

 새로 난 연둣빛 작은 잎 사이에서 은행나무의 암그루는 암꽃이, 수그루는 수꽃이 핍니다.

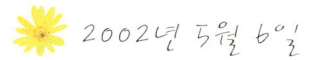
2002년 5월 6일

봄바람타고 떠도는
씨앗들의 소풍

눈갯버들 꽃차례

거리에 나부끼는 하얀 솜털은 버드나무 사시나무 종류의 씨앗

저는 서울보다 북서쪽에 있는 집에서 북한산 자락을 남쪽으로 바라보며 북동쪽에 있는 광릉숲에 자리한 직장까지 매일 출근을 합니다. 시간이 좀 걸리기는 하지만 이 세상에 소풍을 나왔다가 간다는 시인의 마음을 흉내내며, 정말 소풍 가는 기분으로 조금은 먼 그 길을 다닙니다.

  오월이 되니 유난히 햇살이 눈부십니다. 엊그제만 해도 여리게 느

호랑버들의 솜털 난 씨앗

꺼지던 잎새들은 며칠 전 단비에 힘을 얻었는지 지금은 그 어느 때보다도 생명력이 충만합니다. 투명하게 푸른 하늘을 배경삼고 햇살을 받아 한 장 한 장 반짝반짝, 팔랑팔랑거리는 은사시나무, 이태리포플러 잎새들을 보노라니 감탄사가 절로 나옵니다. '이래서 오월이 아름다운 계절이구나!' 이제 신록은 점점 더 짙푸르러지겠지요.

 오늘은 이 소풍 길에서 차창에 부딪혀 날아오는 하얀 솜털들을 많이 만났습니다. 이 순간 꽃가루 이야기를 하는구나라고 생각하는 분들이 있다면 그것은 잘못 안 것입니다. 요즈음 하얀 솜뭉치나 눈송이처럼 거리를 휩쓸고 다니는 것은 꽃가루가 아닌 씨앗이 붙어 있는 솜털입니다.

 이미 부지런한 나무들이 꽃을 피워 만들어낸 꽃가루들이 날아다니다가 인연을 가진 암술과 만나 꽃가루받이를 끝내고 벌써 열매를 맺어 보다 멀리 보다 너른 세상으로 자신의 종족을 퍼트리려고 여행을 떠난 씨앗들입니다. 작은 씨앗들이 바람을 타고 보다 멀리 날아가도록 머리를 써서 솜털을 붙여 놓은 것이고요.

그러니 이 솜털을 달고 있는 씨앗들은 우리가 걱정하는 꽃가루 알레르기와는 전혀 상관이 없는 존재랍니다. 그런데 이맘때면 꽃가루 알레르기 문제와 함께 미움을 받고 있으니 억울해도 한참 억울할 것입니다.

솜털은 주로 바람에 의해 꽃가루를 옮기는 풍매화인 능수버들, 수양버들, 갯버들 같은 버드나무 종류, 은사시나무, 이태리포플러 같은 사시나무 종류에서 많이 생깁니다. 이 솜털들이 도시의 거리를 몰려다녀서 좋을 것은 없습니다. 더러운 도시의 먼지까지 함께 묻어 다니니 말입니다. 물론 미움을 받으며 도시를 구석구석 떠돌다 씨앗을 묻을 한 줌의 흙도 만나지 못하고 싹조차 틔우지 못한 채 그 일생을 다할 씨앗에게도 불행입니다. 하지만 이것은 전적으로 환경을 더럽힌 사람 탓입니다.

어쨌든 오늘 제가 소풍길에서 만난 그 솜털은 무척이나 부드럽고 사랑스럽고 자유로워 보였습니다.

 봄날 하얀 눈송이처럼 바람따라 떠도는 솜털들은 꽃가루가 아닌 식물의 씨앗입니다.

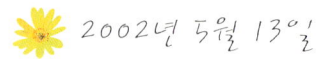
2002년 5월 13일

키 작은 토종 민들레가 그립습니다

민들레

서양민들레에 쫓겨 살 자리를 잃어가는 토종 민들레

봄날 꽃밭이 유난히 환한 것은 노란 꽃이 많아서일까요? 요즈음 길가에 노랑저고리를 입은 민들레가 많이 보입니다. 언제 만나도 반갑고 즐거운 꽃입니다. 발에 무심히 밟히듯 흔하고 작아도, 그저 활짝 피어난 무리만 보아도 금세 마음을 환하게 만드는 것이 바로 민들레입니다.

민들레는 국화과에 속하는 여러해살이 풀입니다. 누구나 다 아는 꽃이지요. 봄이면 깊이 갈라진 잎을 작은 방석처럼 바닥에 깔고 그 사이로 꽃줄기 하나를 올려 꽃을 피워냅니다.

흔히 민들레를 한 송이의 꽃으로 알고 있지만 본래는 수십 개의 작은 꽃들이 한 다발이나 모여 이루어진 머리모양 꽃차례랍니다. 민들레는 꽃가루받이가 성공적으로 끝나면 공처럼 둥근 모양의 열매를 만들었다가 바람처럼 가벼운 솜털에 작은 씨앗을 실어 보냅니다. 그 씨앗은 봄바람을 타고 살랑살랑 멀리멀리 떠납니다.

그 씨앗들의 여행 거리만큼 민들레 종족은 퍼져 나가는데, 40km까지 그러니까 100리를 날아간다는 보고가 있습니다. 민들레의 땅속뿌리는 땅 위에 올라와 있는 줄기의 15배까지 뻗어 있는 경우도 있다고 합니다. 민들레가 생명력이 강한 것은 그 때문이기도 합니다.

그런데 요즈음엔 웬 민들레가 본데없이 키를 키우고, 시도 때도 없이 꽃이 핀다고 느낀 분들이 있을 겁니다. 그것은 우리 토종 민들레가 아닌 귀화한 서양민들레를 보았기 때문입니다. 서양민들레는 꽃들을 감싸고 있는 총포라는 부분이 뒤로 젖혀져서 잘 구별할 수 있습니다.

우리 꽃이려니 반가워했던 꽃들이 자세히 보면 서양 꽃입니다. 어디든 뿌리를 깊게 내리는 무서운 적응력, 계절을 모르고 계속 퍼지는 씨앗들, 토종 민들레보다 훨씬 강인한 생명력을 가진 서양민들레입니다. 우리가 제대로 깨닫지도 못하는 사이에 서양민들레에게 이 땅을 내어주고 있습니다.

민들레는 우리와 친한 만큼 별명도 많습니다. 미염둘레, 그냥 들레라고 하기도 하고, 앉은뱅이, 안진방이, 문들레라고도 합니다. 한방에서는 민들레를 포공영이라고 하지요. 옛글에서는 서당을 앉은뱅이집, 서당 훈장은 포공(蒲公)이라 했답니다. 서당에는 으레 앉은뱅이, 즉 민들

서양민들레의 꽃(위)과 열매(아래)

레를 심기도 했지요. 나쁜 환경을 견디어내는 인(忍), 뿌리를 잘려도 새싹이 돋는 강(剛), 꽃이 한번에 피지 않고 차례로 피므로 예(禮), 여러 용도로 사용되니 온몸을 다 바쳐 세상에 기여한다하여 용(用), 꽃이 많아 벌을 부르므로 덕(德), 줄기를 자르면 흰 액이 젖처럼 나오므로 자(慈), 약으로 이용하면 노인의 머리를 검게 하여 효(孝), 흰 액은 모든 종기에 잘 들어 인(仁), 씨앗은 스스로의 힘으로 바람 타고 멀리 가서 새로운 후대를 만드니 용(勇)의 덕(德)을 가지고 있지요. 이런 이유로 어린 학생들의 배움터에 민들레를 심고 이러한 것을 가르치는 훈장을 포공이라 하였으며 민들레의 다른 이름을 포공영이라고도 한 것입니다.

   스승이 날이 다가옵니다. 우리 아이들의 선생님들께도 서양민들레가 아닌 우리 토종 민들레가 가득한 앉은뱅이집을 만들어 드리고 싶습니다. 선생님 감사합니다.

 서양민들레는 어디든 뿌리를 내리고 계절도 가리지 않고 꽃을 피워 씨앗을 퍼뜨립니다.

2002년 5월 20일

지혜로워서 더 예쁜 소나무꽃

소나무의 암꽃(왼쪽)과 수꽃(오른쪽)

근친결혼 막기 위해 암꽃은 위에 수꽃은 아래에 달려

노랗고 미세한 가루들이 물 고인 웅덩이에 둥둥 떠다니거나 차창을 보얗게 덮고 있는 때입니다. 꽃가루이지요. 요즈음 보이는 것들은 소나무, 곰솔 또는 리기다소나무와 같은 소나무류의 꽃가루일 터이니 일명 송화(松花) 가루가 됩니다. 소나무에게 있어서 꽃가루는 수꽃에 달렸다가 가능한 한 멀리 퍼져나가 성공적으로 암꽃을 만나고 결실을 맺어야 하는 막중한 임무를 가지고 있습니다.

이렇게 지천인 꽃가루들을 보면 우연 속에서 필연을 만들어가는 이 나무의 의지가 얼마나 강한지가 느껴집니다. 꽃가루가 날아다니는 기간은 나무에 따라 조금씩 다르지만 5~10일쯤 됩니다. 영리한 사람들은 이를 이용하지요. 송화다식 말입니다. 꽃가루를 잘 말려서 체로 걸러 고운 가루로 만든 후 꿀이나 조청으로 반죽하여 예쁜 다식판에 가지가지 모양으로 찍으면 전통과자가 됩니다. 때론 색을 넣기도 하는데 모양도 좋지만 영양도 그만입니다.

다시 소나무 이야기로 돌아가서, 수꽃의 꽃가루가 암꽃에 닿아야 꽃가루받이가 일어나는데 소나무의 경우 수꽃이 위에 달릴까요, 아니면 암꽃이 위에 달릴까요? 쉽게 생각하면 수꽃이 위에 있어야 꽃가루가 암꽃에 떨어지기 쉬울 듯합니다. 하지만 반대입니다. 암꽃이 위에 달립니다. 효율을 극대화하기 위해 노력하는 식물이 웬일이냐 싶으시겠지만 이유가 있습니다. 바로 같은 부모를 가진 수꽃과 암꽃이 만나는 일이 없도록 배려한 것입니다. 근친결혼을 하면, 즉 유전자가 같은 것들이 만나면 열성이 나오고 다양성이 떨어져 결국은 그 종이 도태하게 되지요. 근친을 막기 위해 같은 유전자를 가진 꽃가루가 암술에 묻으면 성장을 멈춰버리는 식물도 있습니다.

암꽃이 위에 달리면 또 한 가지 부수적인 이득도 있습니다. 꽃가루받이가 끝나면 수꽃은 쓸모가 없어서 떨어져 버리지만 암꽃은 계속 열매로 커나가야 하기 때문에 생장이 왕성한 줄기 끝에 달리는 것도 아주 유리한 점이지요.

지금 문밖에 나가 소나무 꽃들을 찾아보십시오. 암꽃은 발그레한 자줏빛인데 올해 만들어질 새잎이 삐죽삐죽 돋아나올 듯한 그 녹회색 새순 끝에 달립니다. 크기가 새끼손가락 손톱만할까요? 자세히 보면 솔방울을 그대로 축소해 놓은 모습입니다. 노란 방망이 모양을 한 수

곧게 뻗으며 자라는 금강소나무

꽃은 새순 아래쪽의 지난해 자란 가지가 만나는 곳에 여러 개가 다닥다닥 달려 있습니다.
  화려한 꽃잎도 없이 살아가는 그 꽃들의 지혜를 엿보며 가는 봄의 마지막 자락을 붙잡아 보십시오.

여름
2002

들녘 기름지게 하던 자운영

꾀 많은 산딸나무

조릿대야, 괜한 미움 받았구나

자연순리 가르치는 제주조릿대

두릅나무는 가시로 새순을 보호해

덩굴식물은 꾀쟁이

가시연꽃 씨앗은 개구리알 닮았죠

세계에서 가장 키 큰 나무는 111m

자귀나무는 부부금슬 상징

나무도 물을 좋아하지만…

어둠을 밝히는 환한 미소 달맞이꽃

부레옥잠의 두 얼굴

2002년 6월 3일

들녘 기름지게 하던 자운영

자운영

뿌리혹박테리아와 공생으로 땅을 비옥하게 만들어

지난 주말 가족들과 전북지방을 다녀왔습니다. 바쁘다는 핑계를 대며 주말여행을 하지 못하고 사는 까닭에, 꼭 참석하여 숲 해설을 해야 하는 휴양림 행사에 무작정 가족을 동반해 떠났습니다.

칠흑같이 까만 밤하늘에 쏟아지는 별, 밤바람에 흔들리고 부딪히는 나뭇잎 소리, 숲에서 두런두런 나누던 시와 나무 이야기, 아침햇살을 받아 반짝이는 숲 속 나무들 틈에 피어난 싱그런 풀잎들. 이 모두가 휴양림에서 하룻밤을 보내며 만난 것입니다.

꽉 막혀버린 길에서 지루함을 대신하여 한껏 나누었던 가족들의 목소리…. 벌써 여러 날이 지났건만 그 한순간 한순간을 생각할 때마다 마음이 따뜻해집니다.

그런데 그 길목에서 가장 인상 깊고 선명하게 남아 있는 것은 어느 들녘을 붉게 물들이던 자운영 군락이었습니다. 저 멀리 들녘이 온통 붉은 것을 보고 차를 돌려가보니 참으로 오랫만에 보는 자운영이었습니다.

자운영을 아십니까? 토끼풀처럼 생긴 짙은 분홍빛 꽃이 피는 풀 말입니다. 특히 남부지방이 고향인 분들 중에는 그 아름다운 빛깔의 꽃무리를 기억하실 분들이 많을 겁니다. 예전에 그리도 흔했는데 왜 지금은 보기 어려울까요? 우리의 논과 밭이 금비(화학비료)로 덮여 버렸기 때문입니다.

자운영의 고향은 중국이지만 아주 오래 전부터 이 땅에 들어와 심정적으로 우리 꽃이 되어 버린 콩과 식물입니다. 예전에는 벼농사가 끝나고 나면 녹비(풀이나 나뭇잎 따위로 만든 거름) 작물로 자운영을 심었습니다. 그리 되면 땅이 비옥하게 변해 이듬해 농사를 잘 지을 수 있기 때문입니다.

식물의 영양생장을 돕는 것이 질소입니다. 그래서 농작물에는 질소비료를 많이 줍니다. 공기 중에는 질소가 80%나 있어 가장 많지만 식물들이 이용할 수 없는 형태로 존재하므로 무용지물이지요. 그

자운영 꽃

런데 자운영을 비롯한 콩과식물의 뿌리에 혹처럼 붙어사는 뿌리혹박테리아가 공기 중에 있어 사용하지 못하던 질소를 쓸모 있게 고정시키는 작용을 하는 것입니다. 이러한 자운영과 뿌리혹박테리아는 서로 공생합니다. 자운영이 광합성으로 만들어 낸 탄수화물을 얻어 쓴 대신 뿌리혹박테리아는 자운영에게 필요한 흙 속의 질소를 고정하여 공급해주는 역할을 하는 것이죠. 이 질소가 비료의 역할을 하므로 보통 농사를 짓고 나서 가을이 되면 자운영 씨앗을 뿌립니다. 싹이 터서 겨울을 난 자운영이 이듬해 봄에 잘 자라 오르면 갈아엎고 모를 심게 됩니다.

요즘은 아름다운 자운영의 꽃 무리를 볼 수 없는 것도 아쉽지만, 제초제와 화학비료로 죽어가는 땅이 아닌, 흙 속의 작은 박테리아와 자운영이 지혜롭게 서로 도우며 기름지게 만든 살아있는 땅에서 키웠던 그때의 깨끗한 곡식들을 만날 수 없는 것이 못내 아쉽습니다.

 자운영과 뿌리혹박테리아는 서로 공생합니다

2002년 6월 10일

꾀 많은 산딸나무

산딸나무 꽃

작고 보잘것없는 꽃, 곤충 눈에 잘 띄려고 포를 꽃잎처럼 변신

산딸나무 꽃이 한창입니다. 이 나무를 가장 쉽게 만날 수 있는 한라산 자락이나 도심의 공원이며 제가 일하고 있는 수목원에도 요즘 하얗게 피어 있습니다. 그 눈부신 꽃송이들의 깨끗함과 풍성함을 보노라면 마음까지 밝아지곤 합니다.

두 해 전 이즈음, 미국의 식물원들을 돌아볼 일이 있었는데 그때 가장 눈길을 끌던 나무들 중 하나도 바로 이 산딸나무 종류였습니다. 같은 나무라도 특별히 아름답게 가꾸고 즐기는 서양 사람들의 모습을 보면서 그것이 모두 식물에 대한 관심의 표현이라는 생각을 하다가 우리는 왜 좋은 우리 식물을 많이 두고 제대로 알아주지도 이용하지도 못하나 싶어 부러웠던 기억이 납니다.

못난 주인을 만나 근근이 살아가는 이 땅의 산딸나무이지만, 다른 나라에서는 온갖 사랑을 받던 이 나무에게 병이 생겨 죽어갈 때 우리 산딸나무의 생존력이 가장 높아 세계의 주목을 받고 있다니 더욱 미안할 뿐입니다.

우리나라에도 작은 산딸나무 파동이 있었습니다. 예수님이 못 박힌 십자가를 만든 나무라는 소문 때문에 이 나무를 심겠다는 갑작스런 수요가 몰렸기 때문이었지요. 하지만 조금만 생각해 보면, 진짜 십자가로 쓰인 나무라면 예수님이 살던 더운 나라의 나무가 추운 겨울을 나야 하는 이 땅에서 살 수 없다는 사실을 알 수 있습니다. 헛소문에 휩싸였다가 천덕꾸러기가 되어버린 산딸나무는 말없이 꽃을 피웠습니다. 부화뇌동하였다가 쉽게 잊는 단순한 우리 인간들과는 달리 묵묵히 제 할일을 합니다.

산딸나무의 꽃은 네 장의 꽃잎이 달려 마치 작고 흰 십자가를 본뜬 듯한 모양을 하고 있습니다. 지금 제가 꽃 모양을 쉽게 설명하느라 네 장의 꽃잎이라고 말했지만 실은 식물학적으로 꽃잎으로 보이는 부분의 정확한 이름은 포(苞)입니다.

산딸나무는 아주 작은 꽃들이 축구공처럼 둥그렇게 모여 있습니다. 꽃들이 워낙 작고 보잘것없어 이렇게 수십 개가 모여 있어도 그 꽃차례(꽃이 배열된 모양)의 지름이 1cm도 안 됩니다. 잎이 무성한 초

산딸나무 열매

여름의 숲 속에서 그런 모습으로는 곤충들의 눈에 잘 들어올 리가 없으니 꾀를 내었습니다. 꽃차례 아래에 달려 있는 네 장의 포를 마치 꽃잎처럼 희게 만들어 꽃이 잘 보이도록 스스로 변신한 것이지요. 제대로 결실을 하기 위해 얼마나 열심히 살아가는지 모르겠습니다. 산딸나무는 꽃이 지고 하얀 포가 너덜너덜해질 무렵이면 동그란 초록 열매가 맺게 되는데 가을에 붉게 익습니다. 표면이 오돌토돌하고 동그란 열매가 잔뜩 달린 모습은 꽃 못지 않게 예쁘지요.

때로 기능이 정지된 국회를 두고 식물국회라고 하더군요. 이렇게 치열하게 노력하며 지혜롭게 조화되어 살아가는 산딸나무를 비롯한 식물이 들으면 몹시 서운해 할 일입니다.

 2002년 6월 17일

조릿대야, 괜한 미움 받았구나

조릿대 꽃

야생동물들이 보금자리를 삼기도 하고 열매나 잎은 양식으로 이용

산에 가면 키 작은 대나무와 같은 것이 있습니다. 조릿대라고 부릅니다. 산에서 볼 수 있는 종류여서 산죽이라고도 합니다. 식물을 연구하는 사람, 특히 저처럼 희귀한 식물을 조사하는 사람들은 산에 오르다가 조릿대 군락을 만나면 기운이 쫙 빠집니다. 조릿대가 살고 있는 곳에서는 귀한 식물을 만나기 어렵기 때문입니다. 게다가 어렵게 찾아낸 식물도 주변에 조릿대가 자라고 있으면 곧 없어질 듯하여 마음이 아주 불안해집니다.

숲 속에 일단 조릿대가 퍼져나가기 시작하면 작은 풀들은 도저히 견뎌내지 못합니다. 땅 위에서는 사람도 헤쳐 나가기 어려울 만큼 줄기와 잎이 빽빽하게 우거져 그 아래 식물들은 햇볕 한번 쪼이기 어려워지고, 땅속에서는 줄기가 옆으로 뻗으면서 엉켜 도저히 다른 식물들은 뿌리를 내리지 못합니다.

정말 무시무시할 만큼 위력적으로 숲 속을 점령해갑니다. 그래서 저는 조릿대를 미워했습니다. 조사를 방해하기 때문이기도 했지만 자연이란 섬세하고 품격 있게 조화를 이루어야 하는데 이런 무법자가 어디에 있겠습니까? 게다가 꽃이 예뻐 보기에 즐겁기나 한 것도 아니고요. 모든 사람들이 다 저와 같은 느낌일 것이라고 의심 없이 생각했지요.

그러다가 한번은 야생동물의 생태를 연구하는 분과 지리산을 오르게 되었습니다. 그런데 그 분이 조릿대 숲을 만나더니 아주 반가워하는 것이었어요. 이유를 알고 보니 조릿대 숲은 그 귀한 야생동물들의 아주 중요한 서식처라는 것입니다. 야생동물은 이곳에서 집을 만들어 은폐도 하고, 열매나 잎을 먹기도 한답니다.

특히 겨울잠을 자고 난 뱀, 도마뱀 등은 제일 먼저 조릿대 잎에 맺혀 있는 이슬로 며칠을 살다가 비로소 활동을 시작하고 곰 역시 겨울잠에서 깨어나면 이 잎을 먹고 기운을 낸답니다. 그동안 그토록 나쁘다고 생각한 조릿대의 이면에는 다른 생물들의 생존과 관련된 미덕이

눈 쌓인 조릿대 잎

있다는 큰 깨달음이 마음 깊이 찔려왔습니다.

　자연의 세계에는 아무런 의미 없는 것은 없는데 모두 사람의 작은 머리로 유용함과 불필요함을 규정하고 있는 것이지요. 그러고 보니 조릿대는 약도 되고, 차도 되고, 쓸모가 많지요. 조릿대란 이름도 조리를 만들던 대나무란 뜻이랍니다.

　선거가 끝나고 보니 서로 나쁜 편이라고 갈려 싸우던 대립은 더욱 깊어만 갑니다. 아무리 나빠 보여도 제가 조릿대를 미워한 만큼은 아닐 듯 합니다.

　그래서 편견에 갇혀 보지 못했던 가치를 자연에서나 인간사에서나 다시 찾아볼까 싶습니다.

 겨울잠에서 깨어난 뱀, 도마뱀 등은 조릿대 잎에 맺힌 이슬을 먹고 활동을 시작합니다.

2002년 6월 24일

자연순리 가르치는 제주조릿대

시로미 군락을 침범한 제주조릿대

조릿대 먹는 소·말 방목금지로 조릿대는 늘고 구상나무는 위축

온 나라를 거듭나게 만드는 월드컵 축구를 보면서 한때 전 세계 최고의 영예를 안았지만 경기에서 지고 짐을 싸서 고향으로 돌아가는 유럽 강호들의 모습을 보고 있자니 그 치열한 스포츠 세계의 경쟁 못지않은 조릿대와 다른 식물들의 생존경쟁이 자꾸 떠올라 오늘도 조릿대 이야기를 할까 합니다.

한라산에 오르다 보면 제주조릿대에 고마워하는 공덕비를 볼 수 있습니다. 제주조릿대는 제주도에만 자라고 키가 작고 잎 가장자리에 무늬가 있는 종류입니다. 옛날 흉년이 크게 들어 제주도 온 백성이 굶어 죽게 되었는데 이 제주조릿대가 일제히 꽃을 피워 열매를 맺어 이를 먹고 목숨을 구했기에 이를 감사하는 내용입니다. 조릿대도 벼과 식물의 한 종류여서 그 열매는 잘 골라 가루로 빻으면 죽 같은 것을 끓여먹을 만하다고 합니다.

조릿대나 대나무들은 아주 드물게 꽃을 피웁니다. 땅속에 뿌리줄기로 왕성하게 뻗어나가는 일종의 복제품을 만드는 방식으로 번식하는 식물들은 점차 게을러져 꽃이라는 까다롭고 번거로운 절차를 생략하게 됩니다.

그러나 이런 조화를 모르는 번식은 일정한 양분을 가지고 있는 땅에 너무 많이 자라나서 공멸하는 위기에 처하게 만듭니다. 인구밀도가 높은 지역에서 살기가 더욱 힘든 것처럼 말입니다. 그때쯤 되면 조릿대는 생존의 위협을 느껴 꽃을 피워 열매를 맺는데 혼신의 힘을 다했기에 세력이 급격히 약해져서 죽어버리고 일부 개체만이 살아남게 됩니다. 자연적인 조절의 기간이지요.

한라산은 자연을 잘 보호하기로 유명한 산입니다. 그런데 이 제주도에서 지금 제주조릿대에 대한 논란이 생겨나고 있습니다. 발단은 이 산에 자라는 우리나라의 특산식물이며 세계의 자랑거리인 구상나무 군락이 점차 위축되는 원인을 찾는 데서 시작되었습니다. 여러 요인이 있겠지만 제주조릿대와의 땅속 뿌리 경쟁에서 밀려가고 씨앗이 떨어져도 싹을 틔울 수가 없는 것이 큰 이유의 하나입니다.

얼마 전까지 연구자들은 "이러다가 어느 해 제주조릿대가 일제히

구상나무를 에워싼 제주조릿대

꽃을 피우면 그 경쟁의 선 뒤로 한참 밀려나 조절이 되니 걱정할 것이 없다"고 하였는데 꽃이 피어도 그 무서운 기세는 좀처럼 물러날 줄을 모릅니다. 참 큰 고민거리입니다. 관련된 사람들이 모여 원인을 논의하다 보니 새로운 사실을 알게 되었습니다. 예전에는 한라산에 방목하던 소나 말이 겨울이면 푸른 잎을 가진 제주조릿대를 먹었답니다. 하지만 한라산 생태계 보전차원에서 이를 금하게 되었는데 결과적으로 제주조릿대의 큰 적이 하나 사라진 셈이 되었지요.

또한 한라산 자연보호의 상징인 노루가 너무 많이 늘어나서 겨울철에 먹을 것이 부족할 때도 제주조릿대는 먹지 않고 대신 정말 희귀한 시로미 같은 식물들을 먹어버린답니다.

인간이 조금 안다고 자연에 함부로 간섭한다는 것이 얼마나 어려운 일인지 절감합니다.

2002년 7월 8일

두릅나무는 가시로 새순을 보호해

꽃이 핀 두릅나무의 꽃

새순 보호 위해 가시로 무장해도 봄나물로 먹으려고 마구 잘라가

지난 주에도 산엘 다녀왔습니다. 멀리 제주도로 갔었지요. 남들은 주로 그곳에 쉬러 가지만 전 신혼여행 갔을 때를 빼놓고는 언제나 일하러 갑니다(하긴 그때도 비자림이나 식물원을 거닐며 시간을 보냈습니다만).

제주도는 육지와 격리된 채 많은 시간이 흘렀고 또 독특한 토양과 기후에 따라 고유한 식물상을 가지고 있어서 언제나 찾아 볼 식물들이 무궁무진한 그야말로 식물의 보고(寶庫)이기 때문입니다.

하지만 이번은 참 힘들었습니다. 하루에 100mm 가깝게 내리는 비를 주룩주룩 맞으며 조사를 했는 데 숲에 얼마나 가시덤불이 많던지 팔다리는 긁히고 옷은 찢기고…. 줄딸기, 찔레, 바늘엉겅퀴 등의 가시와 그야말로 사투를 벌이며 조사를 하다 왜 유독 한라산의 중턱에는 가시덤불이 많은지 생각해 보게 되었습니다.

이유는 간단했습니다. 이곳은 주로 가축을 방목하여 키우는데 가시가 무성한 식물일수록 가축들에게 먹히지 않고 많이 살아남기 때문입니다.

그러고 보니 식물들이 왜 줄기나 잎에 가시를 만드는지에 대해 저절로 알게 된 것 같습니다. 초식 동물들에게 먹히지 않기 위해서이지요. 식물들은 스스로를 보호하는 방법이 각기 다른데 때로는 소태나무처럼 쓰거나 여뀌처럼 매운 맛을 내고 또는 고약한 냄새를 만들기도 합니다.

그러고 보면 가시가 무성한 나무들은 잎이 맛있거나 연합니다. 찔레도 어린 순을 따다가 빨아먹으면 단맛이 나고, 가시가 워낙 무서워서 귀신을 쫓게 만들었다는 음나무도 여린 순을 먹으면 아주 씁쓸하면서도 달착지근한 맛이 입맛도 돋구고 몸에도 좋다지요. 아까시나무 잎도 가축들에게 영양가 있는 사료가 됩니다.

두릅나무의 가시 달린 겨울가지

재미난 일은 나무는 키가 커지고 나이가 들면서 가시가 점차 없어진다는 점입니다. 이 이유도 간

산초나무(위)와 음나무(아래)의 가시와 잎

단합니다. 동물들의 입이나 발이 닿을 수 없는 위치까지 자라면 가시가 무성할 이유가 없습니다. 여린 줄기일수록 스스로를 보호하느라 가시가 유별나게 된 것입니다. 아까시나무를 몹쓸 나무라고 베면 벨수록 무서운 가시를 가진 줄기가 무성하게 나와 극성을 부리지만 그냥 잘 두면 가시 없는 굵은 나무로 커나갑니다.

식물에 따라 어떤 기관이 변해 가시가 되었는지도 알 수 있습니다. 장미처럼 가시가 줄기에서 톡 떨어지는 것은 줄기의 피층이 변한 것이고, 아까시나무의 가시는 탁엽이 변한 것으로 가시가 줄기에서 잘 떨어지지 않지요.

식물들은 이렇게 스스로 살아가기 위해 여러 전략을 짜내지만 언제나 이러한 자연의 조절작용을 거스르는 것은 우리 인간인듯 합니다.

향긋한 봄나물로 인기가 있는 두릅나무 순은 가시가 그리 무성한데도 사람들이 잘도 잘라가 버려, 올 여름 줄기를 올려 꽃을 피울 수도 없는 나무가 태반입니다. 꽃이 피면 참으로 풍성하고 아름다운데 말입니다. 아주 많은 시간이 흘러 이 두릅나무가 이 땅에서 사라질지 아니면 새로운 전략으로 인간의 횡포에서 살아남을지 궁금해져 타임머신이라도 타고 미래로 가고 싶어집니다.

2002년 7월 15일

덩굴식물은 꾀쟁이

나무기둥을 감고 오르며 자란 더덕 덩굴

광합성 위해 햇빛을 많이 쬐려고 다른 나무 감고 올라가

제가 일하는 국립수목원에는 덩굴식물원이 있습니다. 다래, 머루, 오미자, 노박덩굴, 사위질빵, 으름, 담쟁이덩굴…. 이 덩굴식물 중에는 유난히 먹거리가 많아서 생각만으로도 친근한 느낌이 듭니다.

또 그곳에 가면 옛날이야기가 하나 생각납니다. 옛날에 숲 속에서 온갖 식물들이 누가 가장 강한지를 판가름하는 챔피언 쟁탈전이 있었답니다. 많은 식물들이 세상의 거친 환경과 맞서 살면서 갖게 된 갖가지 무기로 싸웠는데 마침내 결승전까지 남게 된 식물은 머루와 천남성이었습니다. 천남성은 무기가 독(毒)이었고 머루는 다름 아닌 신맛이었습니다. 결과는 머루의 승리였습니다. 옛날에는 신포도, 신머루 등 신맛이 왜 그리 무서운지, 귀신도 쫓았다는 이야기가 여러 곳에 나옵니다. 여하튼 머루는 요즘말로 기(氣)가 살아 무엇이든 감고 하늘 높은 줄 모르고 올라가는 덩굴식물이 되었고 천남성은 키 작은 풀이 되었답니다.

이렇게 옛 이야기에서는 머루가 덩굴이 되어 올라가게 된 사연을 이야기하고 있지만 진짜 이유는 무엇일까요? 광합성에 꼭 필요한 햇볕을 잘 받을 수 있도록 높이 올라가기 위해서지요. 햇볕을 잘 받으려면 큰키나무처럼 키를 키워도 되지만 그러려면 식물체를 꼿꼿이 서도록 지탱하고 유지하는 데 많은 에너지가 필요하니 이를 덜기 위해, 좋게 말하면 생태적인 전략이고 나쁘게 말하면 애써 자라는 다른 나무에 편승하여 키를 높인 약삭빠른 식물인 것입니다.

또 다른 궁금증은 대체 덩굴들은 눈이 있는 것도 아닌데 어떻게 자신이 감고 올라갈 대상이 있음을 감지할 수 있을까 하는 것입니다. 물론 덩굴식물에게는 동물이 갖고 있는 신경조직 같은 것은 없습니다. 그런데 잎 혹은 줄기의 일부가 변한 덩굴손이 자유롭게 허공에 흔들리다가 바람 혹은 그 어떤 원인으로 주변에 감고 갈 대상에 닿게 되면 일종의 호르몬이 분비되어 1~2분 안에 자극이 온 곳으로 방향 바꾸기를 계속하면서 자라나 물체를 감게 되는 것이죠. 어떤 덩굴식물은 한바퀴 감는 데 약 1시간 30분 정도 걸립니다.

덩굴손 중에는 용수철처럼 여러 번 감긴 것을 흔히 볼 수 있는데 이것은 바람 같은 충격에 쉽게 끊어지지 않도록 완충작용을 해줍니다. 이렇게 연약하고 유연한 덩굴손이 일단 말리면 얼마나 단단한지 호박의 경우 가녀린 덩굴손 하나가 적어도 500g을 견딘다는 기록도 있습니다. 담쟁이덩굴처럼 줄기에 빨판 같은 흡착근이 달려서 담벼락 같은 곳을 쉽게 타고 올라가는 식물도 있습니다.

머루덩굴(위)
담쟁이덩굴(아래)의 흡착근과 새잎

덩굴식물을 보며 옛이야기를 생각했지만 어쩌면 이 식물들은 경쟁 사회를 살아나가는 우리에게 아주 필요한, 적극적이면서도 세심한 마인드를 갖고 있는 듯싶습니다.

그러나저러나 가을이면 익어갈 빨간 오미자와 새콤한 머루 생각이 벌써 간절합니다. 어떻게 이 여름을 견디며 기다리지요?

 덩굴식물은 잎 혹은 줄기의 일부가 변한 덩굴손으로 주변의 물체를 감고 올라갑니다.

2002년 7월 22일

가시연꽃 씨앗은 개구리알 닮았죠

가시연꽃

잣알처럼 굵고 단단한 씨앗이 반투명 껍질에 싸여 둥둥 떠다녀

여름이 되고 나니 수생식물원으로 향하는 발길이 부쩍 잦아졌습니다. 수련, 노랑어리연꽃, 남개연, 흑삼릉…. 지금 제가 일하고 있는 수목원의 수생식물원에는 아름다운 수생식물들이 한창입니다. 여름이 무르익고 있으니 물에 사는 식물들은 제철을 만난 것입니다.

특별히 제가 관심을 두고 들여다보는 것은 가시연꽃입니다. 가시연꽃은 우리나라에 자생하는 물풀이며 세계적인 희귀식물이기도 합니다. 가시연꽃은 한 번만 보면 왜 그런 이름이 붙었는지 절로 압니다. 보라색의 꽃잎을 제외하고는 1m가 넘는 큼직한 잎이며 줄기며 꽃받침 등 식물체 전체에 무서운 가시가 가득하지요.

　이 신기하고 아름다운 식물은 지금 점차 사라져가고 있습니다. 보전할 필요성이 아주 커졌죠. 안전한 곳에 대피시키고 빨리 증식해 많은 개체수를 만들어 놓아야 할 필요가 있어 몇 년 전부터 관심을 두고 조사하기 시작했습니다.

　처음에 아주 신기했던 일은 그렇게 큰 잎을 만드는 식물이 한해살이풀이라는 사실입니다. 그러니 지금 사는 곳이 위태롭다고 옮겨 심어 봤자 만일 씨앗을 맺지 못한다면 헛일이 되고 맙니다. 우선 씨앗을 모으러 우포늪으로 갔습니다. 물 속을 들여다보니 우무질처럼 반투명하고 말랑한 것에 쌓여 둥둥 떠다니는 것이 있었습니다. 가을에 웬 개구리 알일까 싶어 살펴보니 다름 아닌 가시연꽃의 씨앗이었습니다.

　깊은 물 한 가운데서 꽃을 피운 가시연꽃의 잣알처럼 굵고 단단한 씨앗이 그대로 물속에 떨어지면 다음해에 싹이 올라오기도, 멀리 퍼져나가기도 어렵습니다. 꾀를 낸 가시연꽃은 물 속에 사는 개구리의 모습을 흉내 내어 씨앗에 우무질 같은, 물에 잘 뜨고 말랑말랑한 껍질을 씌운 것입니다. 열매가 익어 떨어지면 그 속에서 씨앗들이 쏟아져 나와 물에 한동안 둥둥 떠다니다가 적당한 곳에 닿으면 그 물컹한 껍질은 썩고 씨앗은 땅속에 묻혀 내년을 기약하는 것입니다.

가시연꽃 꽃

개구리 알처럼 생긴 가시연꽃의 씨앗.

그러면 애초부터 연하고 가벼운 씨앗을 만들지 않았냐고요? 그 이유는 이렇습니다. 혹시 물이 아닌, 싹이 트기 나쁜 환경에 씨앗이 떨어지게 되면 씨앗 껍질은 아주 단단해져 외부의 환경과 완벽하게 차단됩니다. 그 상태로 수백 년을 활력을 유지한 채 살아갈 수 있습니다.

시행착오를 거듭하던 가시연꽃은 저희 국립수목원 수생식물원에 완전히 자리를 잡고 3년째 꽃을 피웁니다. 가시연꽃은 제가 지금껏 살리려고 가장 공들인 식물의 하나이며, 환경에 적응하기 위해서는 식물의 씨앗이 양서류의 알과 비슷한 모습을(물론 겉모양만 그렇지만) 할 수 있다는, 자연의 참으로 놀라운 적응력을 깨닫게 해준 주인공이죠. 그 가시연꽃이 올해도 새로 잎을 내놓았는지가 궁금해 발길을 옮기고 있습니다.

2002년 7월 29일

세계에서 가장 키 큰 나무는 111m

레드우드(자이언트 세콰이어)

레드우드는 보통 1000년 이상 살고 3000년을 살기도 해

며칠 동인 비가 참 많이도 내리너니 날씨가 갑작스레 무더워졌습니다. 나무들을 바라보니 제 세상을 만난 듯 잎새들은 윤기로 반짝거리고 줄기는 쑥쑥 자라는 소리가 들리는 듯싶습니다. 1년 중 가장 왕성한 생장을 하고 있을 것입니다.

이렇게 자라는 나무는 얼마나 키가 클 수 있을까요? 물론 나무마다 자라는 속도와 한계가 다 다르지만, 세계에서 가장 큰 나무는 미국의 캘리포니아 해안가에 있는 레드우드라는 나무(자이언트 세콰이어)입니다.
얼마나 큰가 하면 최고 기록이 111m입니다. 세상에! 100m 달리기를 해도 저 같은 사람은 20초가 걸리는데 그 높이로 나무가 서 있다고 생각하면 상상이 되질 않습니다.
궁금한 것은 땅 속 뿌리에서 물을 흡수한 뒤 어떻게 그 높이에 있는 잎까지 올려보내느냐 하는 것입니다.
과학기술이 발달한 오늘날 온갖 첨단 기계장치를 써야지만 202m 높이의 분수를 쏘아 올리는데, 동력이 따로 있지 않은 그 나무가 살아가는 비결은 무엇일까요? 여러 학자들이 연구를 통해서 모세관 현상에 의해서다. 또는 물의 응집력 때문이다 등 다양한 이론을 발표했지요. 하지만 아직 확실한 비결은 알 수 없답니다.
이 나무들은 보통 1,000년 이상은 살고 3,000살이 된 나무도 있다고 기록이 전해져 옵니다. 어떻게 그리 오래 살까요? 두꺼운 나무껍질 덕택이죠. 자연적인 산불에서 혹은 나쁜 병충해의 침입에서 갑옷처럼 보호해주었고 타닌이 많다는 점도 온갖 질병에 견디는 효과를 주었답니다. 물론 사람이 알아낸 극히 적은 정보에 불과하지만요.
우리나라에서는 용문사 은행나무가 최고입니다. 키도, 나이도 최고이지요. 마의태자에 대한 전설이 있으니 1,100살이 넘었다는 것을 가늠할 수 있습니다. 공룡들과 함께 살던 백악기 이전의 나무인 은행나무는 같은 시대 생물이 대부분 멸종했지만 아직까지 살아남았을 뿐 아니라 장수하고 있습니다.
은행나무에서 혈액순환촉진제가 개발되어 많은 경제적인 이득을 창

수령 800~1000년으로 추정되는 원주 반계리의 은행나무(천연기념물 167호)

출하고 있다고 합니다. 은행나무가 이토록 오래 살아남은 것은 나무의 성분 속에 무언가 특별한 게 있지 않을까 하는 의문을 품게 되었고, 이것을 연구하다 찾아냈다지요. 우리가 자연의 이치를 조금씩만 더 엿볼 수 있다면 세상은 얼마나 달라질까요?

이산화탄소와 햇볕으로 에너지를 생산해내는 위대한 녹색의 생산자 식물. 그러나 그 공(功)에 무관하게 내시에 뿌리를 박고 말없이 버티고 서 있는 모습에서 더 큰 경외감을 느낍니다.

혹시 세상살이에 한껏 움츠려들고 계신다면, 올 휴가는 나무의 초록 기개를 배우고 기운을 얻어내 자신을 충전하는데 쓰셔도 좋을 듯합니다. 숲으로 다가가 두 팔을 벌리고 가슴깊이 나무를 한번 안아 보십시오.

2002년 8월 5일

자귀나무는 부부금슬 상징

자귀나무

밤이면 펼쳐 있던 작은 잎들이 서로 합장하듯 마주보고 오므려

3년 동안 대학과 공동으로 연구하는 과제가 있었습니다. 마지막 공동 조사를 갔더니 첫 조사 때 만나 예사롭지 않은 눈길을 보낸 남녀 대학원생이 연구가 종결되는 즈음에 결혼을 한다는 발표를 했습니다. 모두들 연구결과 이상의 보람 있는 결실이라고 축하를 했지요.

나무를 인연으로 만난 사람들에게 무엇을 선물할까 한참을 고민하던 중 창 밖의 화사한 자귀나무 꽃송이들이 눈에 들어왔습니다. 그리고 지금 고운 명주실타래를 잘라놓은 듯한 자귀나무 꽃을 따서 말리고 있습니다. 왜냐고요? 깨끗한 책갈피에 말려 결혼선물을 할 생각입니다.

향기로운 자귀나무 꽃을 말려 베개 속에 넣어두면 향긋한 꽃 향으로 머리가 맑아진다고 하지요. 게다가 예전에는 현명한 아내들이 바깥일 때문에 마음이 좋지 않은 채 돌아온 남편에게 술상을 내며 이 꽃잎을 띄웠다고 합니다. 그윽한 꽃 향기, 아름다운 꽃, 무엇보다도 자신을 깊이 이해하는 아내의 마음이 담긴 술잔에 술을 마시면 어떻게 마음이 풀리지 않겠습니까? 세상살이에서 서로가 서로에게 이만큼씩만 따뜻한 배려를 할 수 있다면 얼마나 좋을까요.

자귀나무는 합혼수(合婚樹), 야합수(夜合樹), 유정수(有情樹) 등의 별명이 있었죠. 예부터 신혼부부 방 창가에 심어 부부의 금실이 좋기를 기원하곤 하였답니다. 그 이유는 밤이면 펼쳐져 있던 작은 잎들이 서로 합해져 붙어버리기 때문이라지요. 그래서 자귀나무의 작은 잎들은 아까시나무처럼 끝 부분에 하나가 남지 않고 양쪽이 똑같은 짝수입니다.

이를 학술적으로는 수면운동이라고 합니다. 미모사와 같은 식물은 톡히고 건드리면 작은 잎의 자루 아래쪽에 있는 세포에 많은 물이 저장되어 있어 꼿꼿함을 유지하다가 자극을 받으면 순간 수분이 빠져나가 팽압이 감소하면서 잎이 닫혀지게 됩니다.

자귀나무의 수면운동은 닿기만 하면 잠드는 미모사의 수면운동과는 성질이 조금 다른 것으로 외부의 자극 없이 일어나는 운동입니다. 그러나 이 자극은 실제로 눈에 보이는 기계적인 자극이 아닐 뿐, 온

자귀나무의 꽃과 잎

도나 빛처럼 사람보다 식물이 더 민감하게 느끼는 자극이 있는 것이지요.

그런데 왜 수면운동을 할까요? 우선 낮에는 광합성을 해야 하므로 최대한 잎의 면적이 넓은 것이 유리합니다. 하지만 밤이 되면 이야기는 좀 달라지지요. 잎이 넓으면 폭풍우와 같은 자연적인 재해, 잎을 먹는 초식동물들의 공격을 받을 수 있죠. 이를 대비해 최대한 움츠려 방어 태세를 갖추는 것이죠. 더욱이 밤에는 양분을 만들 수도 없는데 잎의 표면적이 넓으면 증발산을 통해 나가는 에너지나 수분이 많아지니 이를 막아보자는 뜻도 있을 것입니다.

그렇다면 이름은 왜 자귀나무일까요? '자는 데 귀신같다' 해서 붙여진 것이 아니냐는 학교 때 은사님의 농담이 그럴듯하게 느껴집니다. 새로 결혼하는 두 분과 이 땅의 모든 부부들이 자귀나무처럼만 향기롭고 아름다우며 지혜롭게 살아가기를 바랍니다.

 자귀나무는 수면운동으로 밤이 되면 잎을 모두 오므려 버립니다.

2002년 8월 12일

나무도 물을 좋아하지만…

물 속에서 자란 천리포 수목원의 낙우송

물이 아무리 좋아도 공기가 통하지 않으면 살 수 없어

나무들은 물을 좋아힐까? 이렇게 물으면 대부분의 분들은 그렇다고 말합니다. 사실 당연한 일입니다. 풀보다는 기복이 덜하지만 나무를 심으면 물을 주어야 하고, 화분에 심은 나무에 물을 공급하지 않으면 결국 말라 죽으니까요.

그런데 나무를 심었는데 이유도 없이 죽어간다는 소식에 찾아가 원인을 살펴보면 의외로 물 때문인 경우가 많습니다. 그것도 물이 부족해서가 아니라 너무 많아서 입니다. 물이 많이 차는 습지나 지하수면이 높아 뿌리가 물에 잠기게 되면 그 나무는 죽게 됩니다. 여러분도 혹시 아끼던 나무가 잘 못살고 있다면 주변에 배수관이 있거나 진흙땅이라 물 빠짐이 안 되는지를 먼저 살펴보십시오.

나무는 뿌리로 물을 흡수하므로 물이 많아야 좋을 텐데 하고 생각할 분도 있을 텐데요. 어찌된 일일까요? 바로 산소가 부족해 숨을 쉴 수 없기 때문입니다. 물을 아무리 좋아한들 공기가 통하지 않는 곳에서는 의미가 없습니다. 계류가 흐르는 곳에 갯버들이나 달뿌리풀, 돌단풍 같은 것이 사는 이유는 물이 흐르면서 공기가 공급되기 때문입니다. 간혹 열대 지방의 민물과 바닷물이 합쳐지는 얕은 곳에 사는 맹글로브 같은 나무나 청송의 주산지라는 오래된 저수지 물 속에 뿌리를 내리고 사는 왕버들과 천리포 수목원의 작은 연못에 사는 낙우송같은 특별한 경우도 있습니다.

하지만 나무들은 다른 대안을 만들기도 합니다. 낙우송과 같은 나무들은 땅 위로 뿌리를 올려보냅니다. 툭툭 올라온 뿌리의 모습이 마치 무릎과 같아 무릎뿌리(knee root)라고 부르며 땅속이 아니라 공기 중에 올라온 뿌리이므로 기근의 한 종류입니다. 물가나 샘터 옆에 사는 낙우송은 사방으로 왕성하게 불룩불룩한 뿌리를 올려보내며 아주 멋진 모습으로 잘도 큽니다. 같은 날 심은 같은 나이의 나무를 보았는데 물 옆에 심은 나무가 십여 년 만에 2배 가량 더 크게 자랐더군요.

신선한 공기를 원하기는 나이 먹은 줄기도 마찬가지인 듯합니다. 서울 명륜동 성균관 문묘나 강원도 문막에는 천연기념물로 지정된 은행나무 노거수가 있습니다. 이들을 살펴보면 옆으로 자란 오래된 가지

낙우송의 기근

의 일부가 혹이 난 것처럼 길게 늘어져 있는 것을 볼 수 있는데 늘어진 젖가슴의 모양을 닮았다고 하여 유주(乳柱)라고 합니다. 더러 이 유주가 땅 밑까지 늘어져 땅에 닿으면 다시 새로운 뿌리를 내려 자라기도 한답니다. 본 나무와 연결된 가지를 자르면 새로운 개체가 되는 것이지요. 물론 오래된 가지세포에 산소공급이 원활하지 않아 발달된 것이라고 합니다.

꼭 같은 이치는 아니지만 사람도 이렇게 신선한 공기가 필요합니다. 모처럼의 휴가를 얻으셨다면 가까운 숲으로 가서 자연의 맑은 공기를 가슴에도 머리에도 가득 담아 오십시오.

나무를 보면서도 물 생각이 나는 것을 보니 여름은 여름인가 봅니다.

 물가나 샘터 옆에 사는 낙우송은 숨을 쉬려고 사방으로 기근을 올려 보냅니다.

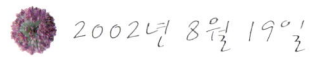
2002년 8월 19일

어둠을 밝히는 환한 미소

달맞이꽃

어스름에 피는 달맞이꽃, 밤동무 박각시나방이 꽃가루받이 맡아

이른 아침, 출근하는 길목에서 샛노란 달맞이꽃 무리를 보았습니다. 모처럼 갠 파란 하늘과 어우러져 참 곱구나 생각했습니다. 그곳은 얼마 전까지만 해도 파릇한 벼들이 자라는 생산력이 왕성한 논이었는데 어느날 논바닥 가운데 소복이 흙무더기들이 쌓이더니 황량한 공터로 변해버렸습니다. 그리 멀지 머지않아 콘크리트로 된 육중한 아파트들이 올라가겠지요.

그런데 얼마 남지 않았을 유예기간을 누리려는 듯 그 땅을 차지한 달맞이꽃이 오늘 아침 유난히 눈에 띕니다. 사실 달맞이꽃은 귀화식물이라 그간 제 마음속으로 그리 반기는 식물은 아니었어요. 그런데 오늘 그 풍광을 보고 있자니, 잠시 틈을 보인 망가진 땅을 녹색으로 덮어내는 그 놀라운 생명력과 노란 꽃 무리가 주는 아름다움에 다시 한번 그 꽃을 생각하게 되었습니다.

달맞이꽃은 이름 그대로 달을 맞이하는 시간, 즉 저녁에 꽃을 피웁니다. 왜 하필 저녁에 꽃을 피울까 생각해 보았는데 아무래도 전략의 차별화에 있지 않을까 싶더군요. 그때는 다른 꽃들은 꽃잎을 닫고 있으니 찾아오는 곤충도 고를 수 있겠지요. 달맞이꽃은 무더운 여름, 그 중에서도 기온이 높게 올라가는 길 옆 특히 아스팔트 옆에 피기 마련이니 에너지관리 차원이 아니겠는가 하시는 분도 있습니다.

재미난 것은 저녁에 찾아 드는 곤충과의 관계에 있습니다. 밤에 활동하며 꽃을 찾는 대표적인 곤충에 박각시나방이 있습니다. 박각시라는 이름은 역시 밤에 꽃잎이 벌어지는 박꽃을 찾아가 그 앞에서 윙윙대며 꿀을 빨고 있으니 신랑인 박을 찾아온 각시라는 뜻이랍니다.

어쨌든 이 야행성 박각시가 달맞이꽃에게도 아주 좋은 친구인데 문제는 이 박각시의 몸통이 비늘조각으로 덮혀 있어서 꽃가루가 잘 붙지 않는답니다. 물론 이 정도 어려움에 물러설 달맞이꽃이 아니지요. 달맞이꽃은 마치 실에 구슬을 꿰듯, 가느다란 실 같은 것에 꽃가루들을 줄줄이 꿰어 놓아서 박각시나방의 몸에 한 번 묻게 되면 마치 실타래가 풀리듯 줄줄이 풀려 나와 한꺼번에 많은 꽃가루의 운반이 가능하도록 만들었답니다. 달맞이꽃의 수술을 가만히 관찰하면 이 가는

콩박각시나방

실 같은 부분을 볼 수 있습니다. '안되면 되게 하는' 투철한 정신이 놀라울 따름입니다.

　달맞이꽃이 재미있어져서 자료를 찾다 보니 시간별로 꽃이 피는 모습을 찍어놓은 사진이 있더군요. 봉오리에서 완전히 꽃이 필 때까지 17분, 약간 벌어지고 나서는 2~3분 만에 꽃이 활짝 피더라구요. 사람이 인지할 수 있는 놀랄만한 속도였는데 아직 한 번도 그 꽃 앞에서 꽃 피는 것을 보며 시간을 보낸 적이 없다는 것을 깨달았습니다.

　바쁘다는 핑계로 방학이 다 가도록 아이에게 꽃구경 한번 제대로 시켜주지 못한 것이 마음에 걸렸는데 오늘 해가 기울 즈음, 저녁 산책이나 나가야겠습니다. 필 듯 말 듯한 달맞이꽃 한 송이 잘 골라서 꽃 피는 모습을 보고, 시간도 재어 본다면 아이에게도 제게도 좋은 체험이 될 듯합니다.

 달맞이꽃의 꽃가루는 한꺼번에 많이 운반되도록 실타래처럼 줄줄이 붙어 있습니다.

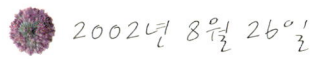
2002년 8월 26일

부레옥잠 의 두 얼굴

부레옥잠

수질 정화 능력 탁월하지만 얼어 죽으면 물을 재오염시켜

연못마다 부레옥잠 꽃이 한창입니다. 하도 비가 많이 와서 시달리기도 했으련만 언제 봐도 싱그럽고 아름답습니다.

   부레옥잠을 두고 봉안련(鳳眼蓮)이라고도 부릅니다. 부레옥잠의 여섯 갈래로 갈라진 연보랏빛 고운 꽃잎 중에서 가운데 크게 선 꽃잎 조각에는 진한 보라색 줄무늬와 둥근 모양의 노란색 큰 점이 있습니다. 바로 그 점이 봉황의 눈동자를 닮았다고 하여 붙여진 별명입니다. 참 멋진 비유가 아닐 수 없습니다.

부레옥잠은 고향이 열대 아메리카입니다. 우리나라에서는 처음에 어항이나 연못에 넣어 기르며 꽃을 보려고 심었는데 요즈음엔 물을 깨끗이 하는 수질정화 능력이 뛰어나다고 하여 많은 관심을 모으고 있기도 하지요. 초등학교 교과서에도 나옵니다.

부레옥잠은 줄기의 중간 부분이 부풀어올라 있는데 얇은 막으로 여러 개의 방을 나뉘어져 그곳에 공기가 들어갑니다. 식물체를 물에 잘 뜨게 하기 위한 장치입니다. 생김새나 기능이 물고기의 부레와 똑같지요. 사실 물에 떠서 사는 식물들은 물에 뜨는 장치들을 하나씩 다 가지고 있는데 마름은 부레옥잠처럼 줄기 중간에, 자라풀은 잎 뒷면에 있습니다.

부레옥잠이 물을 깨끗이 하는 능력은 정말 뛰어나다고 합니다. 한 실험 기록을 보니 가로 세로 100m 정도의 면적에서 자라는 부레옥잠이 1년동안 물에서 부영양화를 일으키는 질소와 인 2,000kg을 깨끗이 걸러내는데, 이것은 500여 명의 사람들이 내버리는 폐수를 깨끗한 물로 바꾸는 셈입니다. 여린 식물의 힘이 참으로 대단하다는 생각이 듭니다.

겨울에 부레옥잠이 얼어죽은 모습

하지만 부레옥잠이 이렇게 좋은 능력이 있다고 온 강과 못에

마구 집어넣는 일은 한번 깊이 따져볼 문제입니다. 이 식물은 본래 고향에서는 여러해살이 풀이었지만 우리나라에서는 한 해밖에는 못 삽니다. 겨울 날씨가 추워 얼어 죽기 때문이지요. 수온이 섭씨 20도 이상이라야 잘 자라며 영하 3도가 되면 동해(冬害)를 입게 된다고 하죠.

부레옥잠의 부레모양의 줄기와 단면

그러니 부레옥잠이 겨울을 나려면 아주 따뜻한 남부지방이나 제주지역으로 가거나 비닐하우스 안으로 들어가야 합니다. 문제는 그때부터 발생합니다. 수질을 정화한다는 것은 오염물질을 식물체 내에 축적시키게 되는 것인데 가을이 되어 물 한가운데서 얼어 죽어버리면 어떻게 될까요? 오염물질은 그대로 물로 들어가 물이 다시 오염되죠. 또 식물체가 썩으면서 산소를 소모하므로 수질을 더욱 악화시키는 결과를 낳을 수 있습니다. 그래서 요즈음은 이러한 부레옥잠을 걷어내어 다시 퇴비로 만드는 연구도 진행 중인데 물을 많이 함유하고 있어 쉽지는 않다고 합니다.

자연은 정말 만만치가 않은 존재라는 생각이 듭니다.

 부레옥잠은 수질정화 능력이 뛰어나지만 겨울을 나지 못하고 얼어 죽어 골칫거리입니다.

가을
2002

물옥잠아, 네가 부럽구나
옥수수의 놀라운 의지
대추나무 시집보내는 까닭
코스모스 한송이는 작은 우주
밤송이에 가시가 가득한 까닭은
도토리는 떫은맛이 무기
단풍은 체념과 슬픔의 표현
잣은 2년 인고의 결실
나무들의 해거리 아시나요
남쪽지방에 잣이 열리지 않는 이유?
씨앗이 여행을 떠나는 이유는?
낙엽을 바라보며

2002년 9월 2일

물옥잠아, 네가 부럽구나

물옥잠

귀화식물 부레옥잠, 꽃가루받이 곤충이 없어 왕성한 자기복제

불현듯 궁금해졌습니다. 지난주 부레옥잠 이야기를 했는데 주변에 있는 이 식물을 찾아서 봉황의 눈을 닮은 꽃잎이나 공기주머니라도 들추어 보셨을까 싶어서 말입니다. 오늘도 부레옥잠 이야기를 더 하려고 합니다. 저와 그리 특별한 인연이 없는 식물이었는데 저도 이 글을 쓰는 동안 이리저리 관심을 깊이 두다 보니 새삼스런 모습이 참 많이 보이더군요.

부레옥잠이 고운 꽃을 피워내는 이유는 분명 곤충의 힘을 빌려 꽃가루받이를 하는 충매화일텐데 어찌된 일인지 저는 이 식물의 씨앗을 본 기억이 없습니다. 여러 사람에게 물어봐도 같은 대답이었습니다. 그 이유를 찾아보니 외국에서 들여온 낯선 귀화식물이라 자신을 알아보고 찾아와 꽃가루를 옮겨주는 곤충이 거의 없기 때문이랍니다. 실제로 꽃가루받이가 잘 일어나지 않습니다. 그래서 씨앗을 맺을 수 없는 것이죠. 이제나저제나 자신을 찾아줄 곤충을 기약도 없이 기다리는 부레옥잠의 꽃송이들을 보노라니 그 고운 연보라색 꽃빛이 분칠한 얼굴처럼 허망하게도 느껴집니다.

하지만 여기서 포기할 부레옥잠이 아니지요. 이 식물은 대신 영양번식을 왕성하게 합니다. 부모가 되는 식물체의 밑부분에서 줄기가 나오고 여기에 눈이 생겨 곧 아들 식물, 다시 손자식물을 줄줄이 만듭니다. 사실 엄격히 말하면 정상적인 부모의 유전자가 만나 새로운 유전자를 가진 후손을 만든 것이 아니니 아들이나 손자가 아니라 복제품이라고 해야겠지요.

어찌됐든 이러한 방식으로 수없이 많은 개체들이 만들어집니다. 물에 떠있는 부레옥잠을 건져보면 줄줄이 이어진 것을 쉽게 볼 수 있습니다. 이렇게 퍼져나가며 물위를 넓게 덮고 바람 따라 물길 따라 끊어지고 흘러가기도 하면서 넓게 세력권을 확장합니다. 한 실험결과에 의하면 큰 부레옥잠 한 포기가 1년 사이에 752개로 늘어났다고 하니 얼마나 왕성한 번식력입니까.

부레옥잠이 자생하는 브라질 아마존강 유역을 비롯한 따뜻한 나라에서는 너무 많이 퍼져나가 물 속의 산소를 많이 써버리고 물 속으로

부레옥잠 군락

빛이 들어가는 것을 막는 등 생태적인 문제가 발생하죠. 또 배가 가는 길을 막거나 수력발전을 방해하는 경우도 있어 '세계 10대 문제 잡초'로 뽑히는 불명예를 안기도 합니다.

부레옥잠은 뿌리도 무성합니다. 보통 식물처럼 생긴 뿌리의 가닥가닥마다 솔이 달린 것처럼 잔뿌리들이 아주 많이 발달해 있지요. 이 잔뿌리들로 수분과 양분을 효율적으로 받아들이는 것은 물론이고, 물위에 떠 있을 때 균형을 잡을 수 있는 역할을 하게 됩니다.

문득 멀리서 들어와 새로 고생하는 부레옥잠 말고 아주 오래 전부터 이 땅에 살아오던 물옥잠이 생각납니다. 화려함에선 좀 떨어지지만 그래도 그 깊이 있는 보랏빛 꽃이 아름다운 우리 꽃 말입니다.

 부레옥잠은 씨앗을 잘 못 맺지만 영양번식을 왕성하게 해서 퍼져 나갑니다.

2002년 9월 9일

옥수수의 놀라운 의지

옥수수

수꽃과 암꽃이 자가 수분을 막기 위해 시간차 작전 써

늦여름 식물을 보러 떠나는 길은 한 끼쯤 굶어도 걱정이 별로 없습니다. 시골길을 가다보면 어김없이 옥수수를 찌고 있는 솥을 만나게 되고 이를 몇 개 사 가지고 입에 물고서 노랫말처럼 쫀득한 옥수수 알을 남겨가며 하모니카라도 불듯이 재미나게 먹는 일도 하나의 즐거움이기 때문입니다.

오늘은 그 옥수수의 꽃 이야기를 해볼까 합니다. 암꽃이 줄기 끝에 달리는 소나무와는 달리 옥수수는 수꽃이 줄기의 끝에 달립니다. 옥수수 줄기 끝에 삼각형으로 늘어지듯 달리는 것이 바로 수꽃이고 아래쪽 잎겨드랑이에 암꽃이 달립니다.

키가 아주 큰 소나무의 수꽃들은 자가수분 즉 한 그루에서 핀 암꽃과 수꽃가루가 만나는 일을 막기 위해 암꽃보다 위치를 낮추었지만, 상대적으로 키가 작고 여러 그루가 밀집된 상태로 재배되는 옥수수의 수꽃이 아래쪽에 달려 있다면 꽃가루를 날려 보내는 데 아주 치명적인 약점이 되겠지요.

그래서 옥수수는 수꽃을 빽빽한 줄기 위쪽에 시원스럽게 달고 있는 대신 자가수분을 막기 위한 시간차 방법을 씁니다. 수꽃이 활짝 피어 꽃가루를 날려 보낸 약 이틀쯤 후에 암꽃이 성숙하게 됩니다. 한 그루에서 꽃가루를 받아 결실하는 일은 피하기 위한 전략입니다.

그러면 암꽃은 어디에 달릴까요? 생각해보면 우리가 먹는 옥수수 알곡이 박혀 있는 부분이 열매이니 바로 암꽃이 자라서 열매가 되었겠지요. 이 암꽃은 줄기와 잎 사이에 포에 겹겹이 싸여 달려 있습니다. 꽃잎은 없지만 씨방들이 가지런히 줄을 이루어 포에 싸여 있습니다. 잎 같은 커다란 포에 싸여 있으니 그 속에서 꽃으로 피었다가 꽃가루받이에 성공하면 열매로 익어가는 것을 우리가 볼 수 없는 것입니다.

길게 나와 늘어진 수염도 궁금하지요. 옥수수 수염은 바로 암술대입니다. 수염을 한 가닥 잡아서 따라 들어가 보면 본래는 씨방이었던 옥수수 알곡 하나하나와 연결되어 있습니다. 암꽃들이 주머니 같은 포에 싸여 있으니 꽃가루받이를 하려면 이렇게 길게 밖으로 나와 있어야겠지요.

이 암술대, 즉 수염은 색깔이 변합니다. 처음엔 흰 빛깔이다가 수분이 일어나 열매가 여물면서 자줏빛으로 바뀌는 것입니다. 그러니까 옥수수를 딸 때는 자줏빛으로 짙게 변한 수염이 없다면 아직은 덜 익은 것이므로 좀더 기다려야 합니다.

옥수수는 꽃이 피기 전 쓰러져 기울게 되더라도 혼자 오뚝이처럼 일어서는 놀라운 생명력을 가지고 있습니다. 원래 뿌리가 있던 곳에서 세 마디쯤 위쪽에서 줄기를 빵 둘러서 굵은 뿌리가 나오는데, 기울어져 있는 부분의 뿌리가 굵고 길게 나와 뻗으면서 줄기를 받쳐 스스로를 일으켜 세웁니다.

옥수수 수꽃(위)와 꽃가루 받이가 끝나서 붉게 변한 옥수수 암술대(아래)

북위 58도나 되는 먼 곳, 너무 멀어 문명과 상관없는 곳으로 식물조사를 다녀오고 나니 온 나라가 태풍의 피해로 큰 걱정입니다. 수해로 어려움을 당하고 계신 분들이 쓰러졌다가 다시 일어나는 옥수수의 의지처럼 실의를 떨치시길 바랍니다. 빠른 복구를 위해 온몸과 마음으로 성원을 보냅니다.

2002년 9월 16일

대추나무 시집보내는 까닭

대추나무 꽃

양분의 이동을 제한해서 대추가 풍년이길 바라는 마음 담아

추석이 눈앞에 다가왔습니다. 물난리로 인해 참으로 어려웠던 지난 여름이었지만 시리도록 푸른 물이 뚝뚝 떨어질 듯 청명해진 가을 하늘을 보니 어느새 지난 상처들도 하나 둘 아물어 가는가 싶습니다.

매년 이즈음이면 어릴 때 친구네 집에서 보았던 대추나무 한 그루가 생각납니다. 제사에 쓰려고 또는 음식에 넣으려고 사다 놓은 쪼글쪼글 마른 대추만을 알고 있던 저는 그 친구 집에서 처음 따먹어 본,

연두색에서 갈색으로 막 익어가는 싱싱한 대추 몇 알의 느낌을 잊을 수가 없습니다. 풋풋한 느낌으로 아삭거리던 그 맛….

옛 사람들은 가을에 풍성하게 대추를 수확하기 위해서 정월대보름과 오월 단오에 대추나무 시집보내기를 했습니다. 대추나무 줄기가 하나로 올라오다 둘로 갈라진 틈새에 돌을 끼워주는 것입니다. 마을의 아낙들은 저마다 흩어져 큰 돌을 주워오고 마을에서는 이 가운데 가장 적절한 돌을 골라 잘 빠지지 않게 오히려 상치기 날 정도로 나무에 꽉 끼웁니다. 이렇게 하면 대추가 많이 열린다는 것입니다.

물론 마을 사람들은 대추나무를 시집보내며 함께 모여 음식과 여흥과 마음을 나눕니다. 생각하기에 따라 시집을 보내 자식을 뜻하는 열매, 대추가 많이 열기를 바라는 단순한 마음일 듯도 싶고, 또 나뭇가지에 돌이 끼워진 모습 등을 상상하면 다소 외설스러운 마을 사람들의 장난기 섞인 해학일 수도 있겠다 싶지만 이 풍속은 과학적인 근거를 가지고 있습니다.

줄기 중간에 돌을 끼우는 것은 양분의 이동을 제한하기 위해서입니다. 다른 과일 나무들처럼 대추나무 역시 잎에서 광합성작용을 해 당분을 만드는데 이것은 대추가 열매를 많이 맺도록 하는데 결정적인 역할을 합니다.

말하자면 가지 사이에 낀 돌은 잎에서 만들어진 당분이 아래로 내려가는 것을 막고, 또 열매보다는 잎과 줄기가 무성하게 자라는데 더 큰 기여를 하는 질소가 뿌리에서 만들어져 위로 올라가는 것을 줄여주는 역할을 합니다. 그러면 대추나무는 열매 맺기에 더 열중하

대추

게 되는 것입니다. 과일나무를 재배하는 책을 보면 환상박피라고 하여 줄기의 중간에 띠처럼 껍질을 벗겨 내어 결실이 많게 하는 방법을 쓰는데 이것이 바로 대추나무 시집보내기와 같은 원리입니다.

대추나무는 또 흔히 양반나무라고 부릅니다. 가지에 싹이 트는 것은 몹시 늦은 봄이나 초여름이죠. 성급한 나무들이 잎을 내고 꽃을 피워내고 있는 동안에도 마치 죽어 있는 듯 침묵하며 애를 태우다가는 어느 날 문득 초록빛 새순이 터져 나오니 이렇게 때가 될 때까지 늑장을 부린다 해서 붙은 별명입니다.

이처럼 양반님네로 불리는 나무를 가지고 다소 점잖지 못한 모습으로 시집까지 보내고 놀리면서도 풍년을 바라며 함께 즐기는 민초들의 모습은 자못 통쾌하고 재미나며 그 지혜로움에 경탄도 하게 됩니다.

부디 올 추석은 시집가서 가지에 주렁주렁 대추를 매달고 익어가는 대추나무처럼 물질도 마음도 풍성하시길 바랍니다.

 대추나무 줄기에 돌을 끼우는 것은 양분의 이동을 제한하기 위해서입니다.

2002년 9월 23일

코스모스 한 송이는 작은 우주

코스모스

혀꽃과 통꽃 수십 개가 한송이 꽃을 이루어 제 할일 하는 소우주

추석 고향길은 잘 다녀오셨나요? 언젠가 서울 토박이라고 말씀드린 적이 있는데, 그래서 저는 매년 명절이면 고향을 찾아 떠나는 그 긴긴 행렬, 그 끝에 기다리고 있을 따뜻한 고향집 뜰, 그 공간에서 오고갈 수많은 이야기와 정들이 부럽기만 합니다.

그 길에서 지천으로 만났을 코스모스 이야기를 할까 합니다. 코스모스는 정확히 말하면 고향은 멕시코이고 스페인의 한 신부에 의해

코스모스

유럽에 알려져 다시 전 세계로 퍼져나간 식물입니다. 고향은 우리나라가 아니지만 워낙 강인한 생명력 덕택에 이젠 우리 땅에서 누가 심지 않아도 저절로 씨앗이 떨어져 싹을 틔우는 귀화식물이 되었습니다.

코스모스라고 하면 가을이 떠오릅니다. 무더운 여름이 가고 시리도록 파란 하늘을 배경삼아 하늘하늘 살랑거리며 피어나는 분홍, 자주, 흰색의 코스모스 무리들은 생각만으로도 마음을 시원하게 합니다.

하지만 이 코스모스란 식물을 정확히 가을꽃이라고 말하기에는 조금 망설여집니다. 여름부터 꽃이 피기 때문이지요. 꽃들은 어떻게 자신이 꽃을 피워야 할 때임을 알까요? 식물에 따라 차이가 있는데 온도보다는 햇볕의 길이에 따라 반응하는 식물이 많습니다. 코스모스는 하지가 지나 낮의 길이가 짧아지면 때를 알고 꽃을 피우는 식물로 단일식물이라고 합니다. 태양의 고도가 가장 높은 하지가 지났으니 가을로 접어들었다고 친다면 가을꽃이라고 할 수 있겠지요.

코스모스는 국화과 식물입니다. 국화과를 흔히 아주 진화된 식물의 집안이라고 말합니다. 이유가 있지요. 우리가 흔히 한 송이 국화꽃이라고 말하는 것은 실제로는 수십 송이의 꽃들이 모여 있는 꽃차례입니다.

코스모스, 해바라기, 백일홍, 구절초, 산국과 같은 국화과 식물들의 경우 꽃들이 모여 분업을 하게 됩니다. 우리가 흔히 꽃잎이라고 부르는, 가장자리에 달린 꽃들은 혀와 같은 모양이라고 해서 혀꽃 또는 설상화(舌狀花)라고 부르며 화려한 색깔로 곤충들을 유인하는 역할을 하지요. 물론 수술과 암술은 퇴화되어 흔적만 있습니다.

실제로 중요한 꽃가루받이를 하는 꽃들은 그 안쪽에 있는 꽃들입니다. 불필요한 꽃잎이나 꽃받침은 모두 퇴화하고 암술머리, 씨방, 꽃밥들이 잘 배치되어 딴 생각 않고 혀꽃을 보고 찾아온 곤충들의 도움으로 튼튼한 종자를 만드는 일에 열중합니다. 통모양으로 길쭉하다고 하여 통꽃 혹은 통상화(筒狀花)라고 합니다.

코스모스는 이런 기능적인 역할을 달리하는, 하나로 보면 보잘것없는 그들이 모여 가장 아름다운 꽃차례를 만드는 꽃입니다. 코스모스라는 말이 '질서'와 조화, 나아가 완전한 질서 체계를 가진 '우주'를 의미하며, 한편으로 조화를 이룬 것은 아름답다는 뜻으로 '아름답다'는 어원도 갖고 있는 것을 보면, 코스모스 한 송이를 작은 우주라고 말하는 것은 전혀 지나친 비유가 아닙니다.

혹시 사랑하는 연인이 있는데 수십 송이의 장미를 선사할 만큼 주머니가 넉넉하지 않다면 코스모스나 구절초 같은 국화과 꽃 한 송이를 건네십시오. 이는 실제로 수십 송이의 꽃들이며, 화려한 겉멋에 치우친 꽃들보다 작은 꽃들이 모여 조화와 아름다움을 자아내는 것처럼 서로 나누고 합하며 살아가자는 마음도 함께 선사할 수 있을 테니까요.

 코스모스는 하지가 지나 낮의 길이가 짧아지면 꽃을 피우는 식물로 단일식물이랍니다.

2002년 9월 30일

밤송이에 가시가 가득한 까닭

밤송이

무서운 가시가 달린 투구를 쓰고 양분 많은 씨앗을 보호해

1년 중 가장 풍성한 과일을 맛보는 때가 바로 이즈음입니다. 복숭아는 이제 들어가기 시작했지만 포도, 사과, 배의 단내가 가득합니다. 또 과일의 범주에 넣기에는 뭔가 모자라지만, 산에는 도토리를 주우러 다니는 사람들이 눈에 띄고 반질반질 윤기 나는 밤톨도 시장에 나왔습니다.

과일도 따지고 보면 모두 식물의 열매입니다. 과수원에서 자라는 과일나무도 본래는 산에서 자라는 야생 식물 중에서 특별히 가능성 있는 종류를 골라 좀더 달고 큰 열매를 맺도록 개량해가며 가까이 두고 키우는 것이지요. 산돌배는 크기가 배보다 작아도 향기만은 일품이고, 시큼한 머루는 포도와 한 식구이고 달콤하게 입안에서 사르르 녹는 산과일 다래는 키위와 같은 집안 식구입니다.

자두나 앵두 같은 보통 열매들은 주로 씨방이 자라서 이루어진 것이지만 사과나 배는 씨방 둘레의 기관까지 함께 자란 것입니다. 잘 들여다보면 우리가 먹는 부분은 꽃받침통이 부푼 것이고, 먹고 버리는 부분이 바로 씨방입니다.

식물들은 왜 이렇게 달고 맛있는 과일을 만들어 내는 것일까요? 간단합니다. 씨앗을 통해 자신들의 종족을 보다 멀리, 보다 많이 퍼뜨리기 위해서입니다. 식물들이 달고 맛있는 과육을 사람 혹은 동물들에게 제공하면 그 과일을 먹은 사람과 동물들은 돌아다니며 씨앗을 그대로 뱉거나 배설물로 내보내게 됩니다. 그러면 씨앗은 태어난 나무를 떠나 멀리 퍼지게 되는 거지요. 이것을 보고 어떤 책에서는 '사람들이 과일나무를 개량해가며 접붙이기 등 인공적으로 증식하는 것도 식물들의 전략 안에서 움직이는 것'이라는 다소 파격적인 주장을 하더군요.

그런데 왜 밤나무의 열매인 밤송이는 가시가 가득할까요? 열매를 먹는 나무들은 색깔이 먹음직스럽고 맛도 달고 좋은 향까지 풍겨야 성공하는 것인데 밤은 유독 무서운 가시로 접근을 막고 있으니 큰 차이가 있는 셈입니다.

이 궁금증을 풀려면 먼저 열매와 씨앗을 구분해야 합니다. 새로운

솔이끼 위에 떨어진 알밤

식물로 자라는 것은 씨앗이며 열매는 씨앗을 포함하여 과육과 껍질을 가지고 있는 식물의 기관입니다. 사과나 배 한 개는 바로 열매이고, 그 중에서 과육은 먹고 식물체가 될 씨앗은 버리게 되지요.

그런데 밤은 우리가 먹는 부분이 바로 씨앗입니다. 우리가 씨앗인 밤톨을 먹어버리면 새로운 나무로 자랄 수가 없는 만큼, 열매는 무서운 가시가 달린 껍질로 씨앗을 보호하고자 하는 것입니다. 참 사는 방법도 제각각입니다.

그렇다면 도토리는? 이 이야기는 다음주로 미뤄야겠습니다. 산길에 구르는 도토리를 만나거든 잘 봐 두시길 바랍니다.

 밤송이의 가시는 씨앗인 알밤을 보호하기 위한 껍질입니다.

2002년 10월 7일

도토리는 떫은맛이 무기

갈참나무 도토리의 새싹

다람쥐가 비상식량으로 숨겨놓은 도토리에서 싹이 터

지난주 산과일나무들과 가시 가득한 밤송이가 그 안에 담긴 씨앗을 어떻게 멀리 보내는지 얘기한 데 이어 오늘은 도토리들의 생존법을 살펴보겠습니다.

 모든 참나무의 열매를 도토리라고 합니다. 참나무는 아주 유명하지만 실제로 이런 나무이름이 식물도감에는 나오지 않습니다. 그 이유는 갈참나무, 졸참나무, 상수리나무, 떡갈나무 등의 열매인 도토리가

갈참나무, 굴참나무, 떡갈나무, 신갈나무 도토리(왼쪽 위부터 시계 방향)

열리는 나무를 모두 망라해서 그냥 참나무라고 부르기 때문입니다.

숲 속의 나뭇잎 빛깔이 막 변하기 시작하는 요즘 도토리도 익어갑니다. 도토리도 밤톨처럼 씨앗 그 자체를 다람쥐 같은 동물이나 사람이 먹습니다. 그러나 자신을 보호할 수 있는 가시 같은 무기도 없고 기껏해야 귀여운 모자나 쓰고 있는 정도입니다. 무슨 방법이 없을까요?

도토리는 바로 떫은맛이 무기입니다. 우리는 다람쥐들이 도토리를 아주 좋아한다고 생각하지만 다람쥐들도 입맛을 아는 이상 떫은 도토리를 좋아할 리 없습니다. 하지만 도토리에는 전분이 많아 귀중한 겨울철 비상양식이 되는 만큼 다람쥐는 열심히 도토리를 모아 여기저기 묻어서 숨겨 둡니다. 다람쥐는 먹을 것이 풍부한 시절에는 구태여 도토리에 손을 대지 않다가 감추어둔 곳을 까맣게 잊어버리기도 합니다.

그런 도토리는 어느새 뿌리를 내리고 이듬해 새로운 나무로 자랄 기회를 갖습니다. 무거운 씨앗을 멀리 보낼 방법이 없는 참나무들은 다람쥐의 이동성을 이용하는 것이지요. 그간 우리는 다람쥐가 도토리를 좋아하고, 그러한 다람쥐는 도토리의 약탈자라고 착각하고 있었던 셈입니다. 숲 속의 식구들은 이렇게 서로 얽히고 얽혀 잘살고 있는데 말입니다.

문제는 그 떫은맛마저 물에 우려 묵을 쑤어 먹는 사람들이지요. 사람이 다람쥐보다 더 막강한 도토리의 약탈자가 되어 온 나라의 산을 뒤지는 계절이 바로 요즈음입니다. 며칠 전엔 도토리를 주우러 입산금지된 산에 몰래 올랐다가 길을 잃고 헤맨다는 연락으로 한밤중에 온 산림공무원과 119구조대까지 출동하는 현장을 구경한 일도 있습니다. 좀 너무들 한다 싶으시죠?

산길에 구르는 도토리를 밟다가 넘어질 뻔한 체험은 아주 깊은 산이 아니고는 어렵게 되고 말았습니다. 그 도토리 가운데 장차 숲의 새 주인이 될 어린 나무로 싹이 터야 할 것도, 다람쥐의 비상식량이 되어야 할 것도 있을 터인데 참 걱정입니다.

 다람쥐가 겨울철에 먹으려고 숨겨 놓았다가 잊어버린 도토리에서 싹이 트는 경우가 많습니다.

 2002년 10월 14일

단풍은 체념과 슬픔의 표현

붉은 벚나무와 노란 은행나무 단풍

더 이상 생장이 어려운 시간이 다가와 잎을 떨구기 전 마지막 향연

광릉 숲의 가을은 수목원 앞마당에 서 있는 복자기나무의 잎이 붉디붉게 물들면서 시작됩니다. 거대하고 푸르른 나무바다 속에서 한 점 붉은 빛으로 시작된 가을빛이 큰 물결이 되어 북쪽에서 남쪽으로, 높은 산에서 낮은 들녘으로 물밀듯이 밀려옵니다.

 가을단풍이 붉기만 해서 아름다운 것은 아닙니다. 붉은 빛이 선명한 당단풍나무나 화살나무가 있는가 하면, 갈색 빛이 운치를 더해주는 참나무나 느티나무도 있고, 샛노란 생강나무나 부드러운 주홍빛의 이나무도 있습니다.

　이 모든 나무들의 모든 빛깔이 모여 그야말로 울긋불긋 아름다운 단풍빛이 됩니다. 광릉숲의 가을 단풍이, 혹은 설악산의 단풍이 유난히 화려하고 아름답게 느껴지는 것은 그만큼 다양한 식물들이 저마다 다른 색을 내며 어우러지기 때문이 아닐까 싶습니다.

　수해로 어려운 이들의 마음을 고려해서인지 올해는 단풍놀이가 그리 떠들썩하지는 않습니다. 그래도 산자락의 붉은 단풍빛을 보노라면 가슴이 서늘해지도록 감동스러운 것은 어찌할 수 없습니다. 이즈음 사람들은 그 빛깔을 따라 단풍놀이를 떠납니다. 단풍잎보다 더 울긋불긋한 등산복을 차려입고 말입니다.

　하지만 나무 입장에서 단풍이 든다는 것은 살기 어려운 계절이 다가오고 있는 만큼 이를 준비해야 한다는 아주 비장한 신호입니다. 잎이 초록색이었던 이유는 광합성을 하여 양분을 만드는 엽록소의 색깔이 초록색이기 때문입니다.

　가을이 되면 나무들은 더 이상의 생장을 포기합니다. 그 표현이 바로 단풍빛입니다. 엽록소에 가려 있던 카로틴 같은 노란색소가 발현되면 은행나무처럼 노란 단풍이 드는 것이며, 잎의 생활력이 약해지면서 붉은 색소인 화청소가 생겨나면 붉은 단풍이 들게 됩니다. 같은 나무라도 단풍빛이 똑같지 않습니다. 낮과 밤의 기온차가 클수록 색이

단풍나무

복자기나무, 벚나무, 떡갈나무 단풍
(위에서부터)

선명해지고, 공중의 습도나 나무의 건강상태에 따라 달라집니다.

나무의 처지를 알아서인지, 말할 수 없이 화려해진 산자락을 보노라면 마치 닥쳐올 무서운 겨울을 눈앞에 두고 나무들이 장렬하고도 슬픈 예식을 치르는 것 같습니다. 나무들의 떨림이 느껴지는 듯도 싶구요. 그 슬픔을 이토록 아름답게 표현하는 나무들이 새삼 감탄스럽기만 합니다.

그래도 이 가을엔 단풍을 보러 한번 떠나보십시오. 그 선연한 빛깔들을 마음에 담고서 한 해의 마감을 차분하고 겸손하게 준비할 수 있다면 우리는 나무가 주는 또 하나의 선물을 성공적으로 받는 것입니다.

 카로틴이 많아지면 은행나무처럼 노란색을, 화청소가 생겨나면 단풍나무처럼 붉은색 단풍이 듭니다.

2002년 10월 21일

잣은 2년 인고의 결실

잣송이

수꽃 꽃가루와 합방한 암꽃은 이듬해 가을에 결실

광릉 숲의 단풍 행렬은 지금 절정을 향해 달려가고 있습니다. 그 숲의 한가운데 서 있노라면 아무리 목석같은 사람이라도 마음이 흔들리고, 아무리 바쁜 사람이라도 한번쯤 멈춰서 심호흡을 하게 됩니다.

그러나 이즈음에도 여전히 짙푸른 잎새로 한결같음을 과시하는 나무가 있는데 바로 잣나무입니다. 오늘은 번잡함을 피해 잣나무 숲길 사이로 산책하다가 떨어져 흩어진 잣송이의 흔적을 만났습니다. 세상에…. 올해는 잣 따는 계절도 잊고 지낸 것입니다.

잣나무는 소나무와 형제나무입니다. 소나무는 바늘잎이 2장씩 모여 달리는데 잣나무는 5장씩 달려 오엽송이라고도 하지요. 잣나무는 소나무의 솔방울과 비슷하지만 훨씬 큰 잣송이가 열립니다.

꽃이 피고 운 좋게 꽃가루를 만난 암꽃들은 가을에 길이 1㎝나 될까 싶은 아주 작은 형태로 남습니다. 그때부터 우리가 따먹을 수 있는 잣송이로 크기까지 1년이 더 걸립니다. 그래서 잣은 2년에 걸쳐 익는다고 합니다.

익어가는 잣송이가 초록색이면 열매 자체도 광합성을 하여 양분을 공급할 수 있고 초록의 잎 사이에서 눈에 잘 띄지도 않지요. 그 외에도 후손을 지키기 위한 잣나무의 노력이 있는데, 잣송이의 질긴 비늘 조각들이 익기 전까지는 잘 벗겨지지 않는다거나 잣송이 겉에 송진을 아주 진하게 바르는 것입니다.

잣나무

잣은 높은 나무의 가지 끝에 달립니다. 생장이 아주 왕성한 곳이기 때문입니다. 잣을 따는 사람 입장에서는 아주 고약한 일이어서 여러 방법이 동원됩니다. 한번은 원숭이를 들여와 잣을 따도록 훈련시켰는데 원숭이들은 곧 포기했지요. 털에 송진이 묻는 것이 싫어서입니다. 잣나무의 송진 전략이 원숭이에게는 잘 들어맞은 셈입니다.

광릉의 잣나무 숲에서 가장 막강한 적은 청설모입니다. 쪼르르 나무로 올라가 송진 따위는 아랑곳하지 않고 두 손에 잣송이를 잡고 까는 모습은 대단하지요. 저는 그런 청설모가 너무 얄미워서 '호이' 하고 놀래줍니다. 그러면 잘 까놓은 잣송이를 그만 떨어뜨리지요.

그렇게 해서 한 두송이쯤 빼앗으면 우리 집에서 겨우내 수정과에 띄우는 고명으로 쓰기에는

1년생 잣송이

충분한 잣알이 나오니까요. 몇 개나 되냐구요? 주먹만한 잣송이 하나에는 비늘조각 사이마다 2개씩, 총 200개나 되는 귀여운 잣알이 들어 있답니다.

 잣송이는 광합성을 통해 양분을 공급하며 2년에 걸쳐 익어갑니다.

2002년 10월 28일

나무들의 해거리를 아시나요

고목 위의 다람쥐

해거리로 도토리가 부족한 해는 동물들도 먹이 부족으로 감소해

올해는 광릉의 숲이 도토리 때문에 유난히 소란스럽습니다. 몰래 숲에 들어오는 사람들을 막느라 직원들은 휴일도 반납할 정도입니다. 산길을 걸으며 이왕이면 진짜 도토리묵을 한번 먹어볼까 싶기도 하겠고, 더러는 많이 주워 용돈이라도 장만하고픈 생각이 들겠지요.

요즘 사람들이 숲에서 주운 도토리를 다시 돌려주는 행사를 하고 있습니다. 도토리묵 좀 먹자고 욕심 부리지 말고 숲 속 다람쥐나 청솔

모에게 겨울 양식을 남겨주자는 것이지요.

올해 도토리가 유난히 많이 열린 것도 사람들을 유혹하는 요인이겠죠. 외딴 산길을 걷다가 바닥에 쫙 깔린 도토리를 밟고 미끄러질 뻔한 일도 있습니다.

반대로 잣나무는 잣을 많이 달지 않아서 이를 거둬먹고 사는 사람들은 걱정입니다. 이 나무들은 모두 해거리를 합니다. 매년 일정한 양의 열매가 달리지 않고, 한해 혹은 그 이상 해를 걸러 열매가 많이 달리는 현상 말입니다. 앞의 두 나무 말고도 대부분의 나무들에게서 이러한 현상을 보게 됩니다.

그러면 왜 해거리를 할까요? 우선 이용할 수 있는 양분의 양이 한정됐기 때문일 것입니다. 사실 나무에게서 가장 중요한 일은 열매를 맺는 것입니다. 아름다운 꽃을 만드는 등 수많은 노력은 결국 튼튼한 열매를 만들어 후손을 잘 퍼뜨리려는 오직 한 가지 목적 때문입니다.

그런데 움직이지 못하는 나무는 한자리에서 이용할 수 있는 양분이 한정돼 있습니다. 한 해 열매를 많이 만들고 나면 다시 영양분을 축적할 시간이 필요한 것이죠. 재미있는 것은 해거리가 그 열매를 먹고사는 동물들의 수를 조절한다는 것입니다. 한 숲에서 한 종류의 나무들이 매년 일정한 열매를 맺는다면 그 열매를 식량으로 하는 동물들은 매년 그 열매를 모조리 먹어치울 수 있을 것입니다.

그러나 어느 한 해 갑자기 많

상수리나무 도토리

상수리나무 숲

아지면 지금 있는 동물들이 아무리 많이 먹어도 살아남는 씨앗들이 생겨나는 것이지요. 몇 년에 한 번씩이라도 말입니다. 생존전략입니다. 더욱이 이렇게 많이 열린 열매들로 동물들이 많아졌다가 그 다음해에 열매가 감소하면 굶어죽는 동물들이 생깁니다. 다음해에 다시 많이 열려도 이를 먹을 수 있는 동물들의 수는 이미 줄었지요.

참 대단한 나무들 아닙니까? 이 나무들이 요즘 소란스럽게 움직이는 우리들을 보며 어떤 생각을 할까 자못 궁금해집니다.

 나무의 해거리로 그 열매를 먹고사는 동물의 수가 조절됩니다.

2002년 11월 4일

남쪽지방에 잣이 열리지 않는 이유?

잣나무 숲

따뜻한 날씨 등으로 환경이 좋아 종족보전 본능 약해진 탓

달이 바뀌는 줄도 모르고 과천 깊숙한 곳에 들어와 울타리 안에서 며칠을 지냈습니다. 그러고 보니 오늘은 광릉 숲이 아닌 과천 골짜기에서 보낸 편지가 되겠군요.

　문득 문밖으로 나가보니, 길옆을 온통 노랗게 장식했던 은행나무 잎새들은 수북한 낙엽이 되어 몰려다니고 있었습니다. 화려했던 가을빛의 끝은 쓸쓸함으로 맺어지나 봅니다. 사람들이 이즈음부터 늘푸른

솔방울이 다닥다닥 달린 서울 도심의 소나무

나무들, 즉 상록수에 눈을 돌리기 시작하는 것은 간사해서라기보다 허전해서일 것입니다. 곧게 자란 늘푸른나무들은 보기에도 듬직합니다.

잣나무는 그 중에서도 돋보이는 존재입니다. 곧게 올라가는 줄기, 희끗희끗해서 더욱 싱그럽게 보이는 진초록의 잎새들, 추운 곳에 자라면서도 어쩜 그리 씩씩한지….

본래 경기도나 강원 북부에서야 자라던 잣나무들을 요즘엔 충청도나 더 아래 지방에서도 만나곤 합니다. 어린 잣나무들을 전국에 심기 시작한지 제법 되어 이제 숲으로 보이기 시작한 것입니다. 그런데 얼마 전부터 남쪽지방 사람들로부터 불평이 올라옵니다. 우리 동네 잣나무엔 잣이 열리지 않는다는 것입니다. 잣이 잘 열리는 북쪽에서조차 사람 품이 너무 들어 잣 따는 일이 점점 어려워지고 있는 만큼, 남쪽에 잣나무를 권유한 이유는 잣 수확이 목적이 아니고 목재로 쓰기 위해서나 숲의 기능 회복을 위해서일 것입니다. 잣이 있는 곳에서는 눈길을 주지 않으면서, 잣이 없으면 불평하니 이것이 바로 사람의 마음인가 봅니다.

그런데 왜 남쪽의 잣나무들은 열매인 잣을 열심히 만들지 않는 것일까요? 한마디로 살기가 너무 편해서입니다.

극복해야 할 추위나 생존을 위협하는 요인은 전혀 없고 따뜻하고 순한 날씨 등 주변 조건이 너무 좋다보니 어려움을 견디며 종족을 보전하려는 본능이 사라진 것이죠.

거꾸로 오염이 심한 장소의 소나무들은 솔방울을 다닥다닥 달고 있어 이를 환경오염에 대한 지표로 삼고 있을 정도(남산에 올라 소나무들을 한번 보십시오)입니다. 나무 입장에서 생존의 위협을 느껴 죽기 전에 종족을 많이 퍼뜨리려는 생각이지요. 물론 원칙적으로는 이러한 환경의 변화가 생리적 메커니즘에 영향을 미친 것이고요.

이러한 잣나무들을 보니 마치 '지금 생활이 편안하고 재미있는데 구태여 스스로를 구속하고 희생하는 결혼이나 출산을 왜 하느냐'며 인생을 즐기려는 요즘 사람들의 모습이랑 참 많이 닮아 보입니다.

 오염이 심한 곳의 소나무는 솔방울을 다닥다닥 달고 있습니다.

2002년 11월 11일

씨앗이 여행을 떠나는 이유는?

털도깨비바늘의 열매

세대간 경쟁 피해 자식 떠나보내는 부모식물의 사랑 때문

몇 주째 열매 이야기를 계속하는 것은 가을을 보내고 싶지 않은, 좀 더 정확히 말하면 초록 생명들이 침잠하는 겨울로 가고 싶지 않은 마음 때문이 아닐까 싶습니다. 하지만 오늘 열매 이야기를 끝으로 그만 가을을 보낼까 합니다.

열매들의 다양한 모습을 관찰하다 보면 꽃보다 재미난 것을 발견할 수 있습니다. '손대면 톡하고 터질 것만 같은' 봉숭아 열매는 말 그대로 아주 작은 자극에도 터져 씨앗을 사방으로 튕겨 보냅니다.

우리가 잘 아는 도깨비바늘이나 도둑놈의갈고리(이름만 알 뿐 진짜 식물의 모습은 잘 모르는 분이 많겠지만)는 갈고리를 이용해, 진득찰이나 멸가치 같은 식물은 끈끈이를 활용해 사람들의 옷이나 동물들의 털에 무임승차합니다.

보다 멀리 퍼져나가기 위해서지요. 약삭빠르다는 느낌이 들지만 이 식물들이 거꾸로 달려 잘 떨어지지 않는 가시 같은 것을 고안해내느라 쏟았을 노력을 생각하면 괜히 마음이 찡합니다.

새들에게 먹혀 번식하는 씨앗들은 새들의 눈에 잘 띄기 위해 강렬한 원색 껍질을 만들죠. 이들은 소화되기 전에 새의 뱃속을 탈출해야 하므로 설사약을 함께 제공합니다. 깽깽이풀은 부지런한 개미들의 힘을 빌립니다. 씨앗의 껍질에 달콤하고 영양가 있는 물질을 만들어 놓으면 개미들은 이것을 얻기 위해 부지런히 씨앗을 집으로 나르지요. 더러 중간에 흘리기도 하고 맛있는 것을 먹고 나서 집 근처에 씨앗을 버리기도 하니 깽깽이풀의 씨앗은 그만큼 여행을 한 셈입니다.

그런데 도대체 식물들은 왜 힘겹게 씨앗들을 여행 보낼까요? 예전에 이야기한 대로 온갖 어려움을 딛고 세상 곳곳에 퍼져 종족이 번성할 수 있도록 하기 위해서겠지요.

개도둑놈의갈고리 열매

물봉선의 꽃과 열매

하지만 이것이 다는 아닙니다. 보다 현실적이고 직접적인 이유는 부모가 되는 식물들과 경쟁을 피하기 위해서입니다. 움직일 수 없는 큰 나무 밑에 씨앗이 떨어졌다고 생각해봅시다. 그 씨앗은 부모의 가지에 가려 햇볕을 받을 수도 없고 한정된 땅에서 부모 뿌리와 경쟁해서는 양분을 얻을 수도 없지요.

동물들처럼 능동적으로 자식 사랑을 베풀 수 없는 식물들로선 갖가지 수단을 강구해 사랑하는 씨앗들을 오히려 먼 미지의 세계로 여행을 떠나보내야만 하는 것입니다. 그 부모 식물들의 애타는 마음은, 수능생을 자식으로 둔 우리네 부모 마음과 크게 다르지 않을 듯싶습니다. 무자식이 상팔자란 말은 사람이나 동물이나 혹은 식물이나 마찬가진가 봅니다.

2002년 11월 18일

낙엽을 바라보며

낙엽

잎자루에 떨켜 만들어 연한 잎이 동해를 입지 않도록 떨어뜨려

벌써 첫눈이 왔다고 말하고 싶진 않지만 그래도 비슷한 것이 왔더군요. 차가운 바람이 일고 그 바람을 따라 낙엽이 몰려다닙니다. 뺨에 찬 기운을 느끼며 그 길을 오래도록 걷고 싶다는 생각을 하면서도 매번 바라보고만 지나는 것을 보면 저도 별수없이 구속된 생활인이구나 싶더군요.

낙엽은 나무들이 겨울을 준비하면서 하는 일 중에 하나입니다. 무

붉게 물든 계수나무 잎

성하던 잎이 말라서 다 떨어지고 가지를 고스란히 드러내기 시작하는 겨울나무들을 두고 나무의 본 모습을 가장 제대로 보여주는 때라고 의미 있게 말하기도 하지만, 나무로서는 아주 쓸쓸한 선택이 아닐 수 없습니다.

이때가 되면 가지에 달린 잎자루 부분에 '떨켜' 라는 코르크 같은 특수한 조직이 생겨 잎을 나무에서 떨어뜨립니다. 연한 잎이 해를 입을 수 있고 물과 양분이 오가던 연약한 통로를 통해 동해(冬害)를 입을 수 있기 때문에 일찌감치 보호막을 치는 것이라고 할 수 있습니다. 물론 수분의 증발이나 해로운 미생물의 침입도 막을 수 있지요.

계수나무는 떨켜를 만들어 낙엽이 질 때 솜사탕처럼 달콤한 향기를 내어놓아 쓸쓸한 마음을 덜어주기도 합니다. 제가 일하는 광릉 숲에는 큰 계수나무가 많답니다. 내년 가을에는 꼭 한번 그 길을 걸으며 색으로, 향기로 겨울을 만나는 호사를 한번 누려보십시오.

참나무 종류들은 대부분 겨울이 오고 있어도 떨켜를 만들지 않아 지금도 마르고 찢긴 채 잎이 달려있습니다. 이 집안 나무들은 본래 고향이 남쪽이어서 떨켜를 만들어 잎을 떨어뜨려야 하는 이유가 없었기 때문이라는 이야기도 있습니다. 혹 오 헨리의 '마지막 잎새' 가 바로 이런 나무의 종류였다면 어떻게 되었을까요? 화가인 베어먼 할아버지가 마지막 잎새를 그리고 폐렴에 걸려 죽지 않았을 테지요. 이 마지막 잎새는 불행하게도 잎지는 덩굴나무인 담쟁이덩굴이었답니다.

소나무와 같은 상록수들은 어떤가요. 잎이 지지 않고 영원히 푸를까요? 물론 아닙니다. 나무마다 조금씩 다르지만 소나무의 경우 한 3년쯤 달려 있습니다. 겨울을 시작하며 낙엽이 지기도 하지만 새잎이 오는 봄에 묵은 잎들을 모두 떨어뜨리느라 낙엽이 지기도 하지요. 이런 경우 낙엽은 겨울준비를 위한 것이 아닙니다.

낙엽은 나무의 상태가 좋지 않으면 일찍 시작됩니다. 나무의 건강을 측정하는 지표가 되는 것이죠. 오염이 심한 곳의 소나무를 보면 2~3년 된 가지에는 잎이 달려 있지 않습니다. 마르기 전에 주워 온 감나무 잎 하나가 식탁 위에 깔아놓은 유리 사이에 끼어 있습니다. 잠시 계절이 머물다 가는 듯합니다.

계수나무는 떨켜를 만들어 낙엽이 질 때 솜사탕처럼 달콤한 향기를 내어놓아 쓸쓸한 마음을 덜어주기도 합니다.

겨울 2002

겨울에 보는 겨우살이 이야기
받을줄만 아는 겨우살이
인고의 역사 나이테
소나무의 월동준비
겨울눈 속에 담긴 봄
희망의 상징 겨울눈
생명력 질긴 바닷가 식물
새와 공생하는 동백나무
2,000년 견딘 연꽃 씨앗
사과에 담긴 과학
사과나무가 꽃 피기까지…
남보다 부지런한 잡초
고구마는 뿌리 감자는 줄기

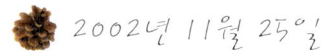
2002년 11월 25일

겨울에 보는 겨우살이 이야기

겨우살이

참나무 가지에 붙어사는 반기생식물 겨우살이

겨울은 식물들에게 고난의 시기이지만 겨울이어서 더욱 잘 드러나는 모습도 있습니다. 고스란히 드러난 나뭇가지의 섬세함이나 하얗게 피어나는 눈꽃, 겨울눈…. 겨우살이도 겨울에 제대로 볼 수 있는 식물이 아닐까 싶습니다. 오죽하면 이름도 겨우살이일까요. 겨울에 푸르다는 뜻의 동청(冬靑)이란 한자이름도 가지고 있습니다.

하지만 겨우살이는 겨울에만 푸른 것이 아니라 언제나 푸른 상록성

나무입니다. 다만 다른 계절에는 무성한 잎들에 가려 나뭇가지에 달린 겨우살이가 눈에 잘 띄지 않는 것이죠. 모든 나무에서 낙엽이 지고 나면 그 모습이 그대로 드러나니 겨울 식물이라고 생각하는 것 같습니다.

그런데 겨우살이 이야기만 들었지 한번도 보신 적이 없다고요? 이즈음 길을 떠나 보십시오. 그리고 멀리서 참나무 숲이 보이거든 잘 살펴보십시오. 새 둥지려니 싶은 것 중에 갈색의 죽은 나뭇가지나 볏짚이 아니라 초록의 잎새들로 만들어진 것이 보인다면 그것은 십중팔구 겨우살이입니다.

기생식물(기생을 하지만 스스로 광합성을 하기도 하므로 반(半)기생식물이라고도 부릅니다)이어서 나뭇가지에 붙어살기 때문에 그런 모습입니다.

궁금한 것은 어떻게 그 높은 나뭇가지 꼭대기에 올라가 뿌리를 내렸을까 하는 점입니다. 요즘 겨우살이를 보면 노란 구슬 같은 열매들이 달려 있습니다. 아주 먹음직스럽게 보이니 새들은 이 열매를 즐겨 먹지요.

하지만 새들의 뱃속에 들어간 겨우살이 열매들은 완전히 소화되기 전에 껍질만 녹아서 씨앗에 과육을 묻힌 채로 새똥에 함께 나옵니다. 새들에게는 억울한 일이지요. 양분이 되는 것은 없고 껍질만 벗겨주었으니 말입니다.

그런데 껍질이 제거된 과육에는 접착성분이 있습니다. 하늘을 날던 새에게서 탈출한 씨앗이 나뭇가지에 닿으면 이 과육과 함께 굳어지면서 씨앗을 나뭇가지에 단단히 고정시키게 됩니다. 이 상태로 겨울이

겨우살이 열매

가기를 기다리고 있다가 봄이 오면 씨앗에서는 기주(寄主) 식물에서 양분을 빼앗아 올 기생뿌리를 내보내게 되는 것입니다.

새 사진을 찍으시는 분이 박새의 부리 끝에 붙어 잘 떨어지지 않는 겨우살이 열매를 보셨답니다. 그래서 겨우살이 씨앗이 배설로 나와 퍼진다는 것은 틀린 이야기이고 새의 부리에 붙어 멀리 날아가며 새들은 이것을 떼려고 나뭇가지에 비비다가 줄기에 붙게 되어 번식하는 것이라고 하시더군요.

사실은 겨우살이 열매들은 그럴 수도 있고 저럴 수도 있는 것이랍니다. 제가 이 편지에서 보여드리는 식물들의 모습 역시 모든 것이 수학공식처럼 적용되는 것이 아니라 우리가 그동안 눈여겨보지 못했던 또 하나의 발견이란 말을 진작부터 하고 싶었습니다.

다음 주에도 정말 얌체같이 기주식물에 붙어 잘도 살아가는 겨우살이 이야기를 계속할까 합니다.

 겨우살이 열매는 새들이 즐겨 먹지만 새들의 배 속에 들어간 이 열매들은 껍질만 녹고 끈적한 과육이 붙은 씨앗이 새똥에 섞여 나와 퍼집니다.

2002년 12월 2일

받을 줄만 아는 겨우살이

붉은겨우살이

기주식물에 붙어 양분 슬쩍하고 겨울에도 혼자 푸른 상록수

한두 해 전부터인가 겨우살이를 찾는 사람들이 참 많아졌습니다. 암 치료에 효과가 있다고 알려진 까닭이지요. 병마와 싸우다 보면 가능성이 있는 어떤 것이라도 붙잡고 싶겠죠. 그 마음은 충분히 이해가 갑니다. 제 걱정은 떠다니는 이야기들이 너무 많고, 상당수는 약효가 입

겨우살이가 뿌리를 내린 나무의 단면   겨우살이 뿌리로 썩어 들어가는 나무의 단면

증되기는커녕 문제가 될 수도 있다는 점입니다.

이러한 이유로 사람들이 약효가 있다고 알려진 식물들이 자라는 곳을 물어오면 대답하기가 참 곤란합니다. 다른 문제라면 몰라도 병 때문이니 냉정해지기도 쉽지 않습니다.

그래도 겨우살이의 경우는 좀 낫습니다. 겨우살이는 사실 기주식물에게는 아주 피곤한 존재입니다. 지난 주 말씀드린 것처럼 기주에 안착한 씨앗은 기생뿌리를 밀어 넣습니다. 착생한 부위는 예방주사를 맞은 것처럼 부풀어 오르며 착생에 성공해 새싹을 틔우기까지는 약 5년이 흘러야 한다니 겨우살이도 적응하느라 고생하는 모양입니다. 그 부위를 기주와 함께 잘라 보면, 기생뿌리는 몸을 지탱하기 위해 숙주의 줄기 중심으로 쐐기형으로 박혀 있고, 기주에서 양분을 빼앗는 뿌리는 기주의 양분 이동로를 따라 길게 뻗은 것을 볼 수 있습니다.

겨우살이가 잎이 난 모양은 독특합니다. 줄기가 새끼손가락만큼 자라면 마디를 만들고, 거기에서 45도 각도로 갈라져 다시 줄기 만들기를 서너 번 반복한 뒤 줄기 끝에 두 개의 잎이 마주 달립니다. 잎은 선인장처럼 두껍고 물기가 있습니다.

아무래도 땅에 뿌리를 박은 식물보다 수분의 공급이 편치 않을 테니까요. 가지는 자라면서 탄력이 생겨 늘어집니다. 바람 잘 날 없는 나뭇가지에서 세고 단단한 가지로 바람에 저항해 부러지는 것보다는 순응하는 전략을 택했겠지요. 척박한 땅에 뿌리를 내리고 생존을 위해 땀 흘리는 나무 위에 흙 하나 묻히지 않고 올라 앉아 양분을 가로채는 얄미운 겨우살이.

실제로 겨우살이가 기생하는 나무는 생장속도가 무척이나 느려지고, 수명이 짧아지며, 줄기에 박힌 겨우살이의 쐐기형 뿌리 때문에 목재로서의 가치를 잃고 맙니다. 또 겨우살이가 뚫고 들어간 틈 사이로 해충이나 병균 등이 침입해 병을 일으키기도 하니 이래저래 밉상입니다.

한 식물학자가 겨우살이도 부분적으로 광합성을 하니까 양분을 역류시켜 숙주를 먹여살리는 일은 없을까 하고 실험을 했습니다. 겨우살이가 기생한 줄기와 잎을 잘라 양분을 차단해 보았더니 결국 둘 다 말라죽어 버렸답니다. 결국 겨우살이는 받을 줄만 알고 줄 줄 모르는 철저한 이기주의 식물이었던 것이지요.

더불어 사는 지혜와 그 삶의 즐거움을 익히지 못하는 헛똑똑이는 인간세계뿐 아니라 자연의 세계에도 있는 모양입니다.

겨우살이가 기생한 기주나무의 줄기와 잎을 잘라 양분을 차단해 보았더니 결국 둘 다 말라죽어 버렸답니다.

2002년 12월 9일

인고의 역사 나이테

나이테

나이테는 나무가 살아온 문서기록보관소

겨울나무. 노래와 시에도 자주 나오는 말이지만 이제 보통명사처럼 사용하는 겨울나무는 요즘 매일 바라보는 대상입니다. 겨울나무는 섬세하거나 투박한 가지들이 때로는 너무 조형적이고 때로는 너무 자연스럽고 자유롭게 배열돼 감탄을 자아냅니다. 쓸쓸한 마음으로 보면 한없이 허전하고 애처롭지만, 같은 나무라도 곧게 보면 한없이 의연합니다.

겨울을 견디는 나무만이 갖는 특권은 나이테입니다. 나무라고 모두 나이테가 있는 것은 아닙니다. 나이테란 봄부터 여름까지 세포분열이 활발해 나무가 쑥쑥 자라는 시기에는 목재의 색깔이 연하고 폭도 넓다가, 가을부터 겨울을 견디는 동안에는 아주 천천히 자라나 조직이 치밀해지고 색깔이 진하며 폭도 좁아져 생겨나는 것입니다. 그러니 겨울이 없다면 나무에게 제대로 된 나이테가 생길 수 없습니다.

나이테는 그 나무가 살아온 역사를 말해주기도 합니다. 나이테가 생겨나는 간격, 색깔, 흔적 같은 것을 가지고 학자들은 그 지역에 언제 가뭄이 들고 산불이 났는지, 혹은 곤충의 침입을 받았는지를 추정합니다. 크게는 기후가 어떤 주기를 가지고 변화하는지를 예측하고, 작게는 남북 방향에 따라 햇볕을 받는 양과 나이테의 간격이 다른 것을 이용해 나침반처럼 방향을 짐작할 수도 있습니다. 물론 많이 자란 쪽이 남쪽입니다.

그런데 나이테를 정확히 보며 세월의 흔적을 읽어내려면 나무를 잘라야 한다는 사실이 기막힙니다. 살아있는 동안 역사를 평가하기 어려운 것과 마찬가지인가요? 나무를 연구하는 학자들은 생장추라는 기구를 가지고 나무줄기에 작은 구멍을 뚫어 긴 원통막대 모양으로 나무편을 뽑기도 하지만요.

세월을 살면서 허송하지 않고 잘 쌓아온 이들을 두고 연륜이 있다고 합니다. 나이테를 말하는 것이지요. 나무의 삶이나 우리의 삶이나 좋고 편안한 시간들과 어둡고 힘든 시간의 반복으로 이루어지는 것인가 봅니다. 오늘, 이 겨울나무들의 나이테를 보면서 대견한 것은 모진 겨울에도 나무는 더디지만 자라고, 그 세월 속에서 더욱 견고해진다

산불에 탄 나무 그루터기에서 새싹이 돋는 모습

는 사실입니다.

한 해가 서서히 끝을 향해 갑니다. 혹 지난 시간들이 너무 힘겹다고 느껴지는 분이 계시다면 추운 겨울 끝에 다시 찾아오는 좋은 시간들이 있다는 사실을, 그리고 세월을 겪어낸 나무들만이 큰 그늘을 드리우는 아름다운 나무로 커간다는 사실을 다시 한번 생각하시고 남은 시간을 잘 마무리하시기 바랍니다.

 겨울나무들의 나이테를 보면서 대견한 것은 모진 겨울에도 나무는 더디지만 자라나고, 그 세월 속에서 더욱 견고해진다는 사실입니다.

2002년 12월 16일

소나무의 월동준비

바위절벽에서 자라는 소나무

추운 겨울 잘 지나고도 이른 봄 방심으로 동해 입어

독야청청 푸르른 소나무가 가장 돋보이는 계절입니다. 어디 소나무뿐이겠습니까. 전나무, 잣나무, 구상나무…. 낙엽이 지고 회갈색 나무줄기가 즐비한 숲에서 상록수들의 푸른 빛이 새삼스럽게 느껴집니다. 지난주 내린 눈은 아직도 진초록빛 가지 위에 잔설로 남아 있고 시리도록 푸르러진 하늘이 그 나무들을 떠받쳐준 광릉 숲 모습은 겨울 풍경의 백미입니다. 바로 이즈음에 볼 수 있습니다.

눈 쌓인 소나무

　낙엽이 지는 나무들은 조직이 약한 잎들을 모두 떨어뜨리고 양분의 이동통로를 차단해 버렸는데 소나무의 푸른 잎은 추운 겨울을 어떻게 견뎌내는 것일까요? 눈에 두드러지지 않아도 소나무의 잎들도 조금씩 겨울에 적응하도록 자신을 변화시킵니다.
　한 예로 소나무 잎은 지방질이 많습니다. 겨울이 다가오면 지방의 함량이 더욱 많아지면서 겨우내 조금씩 견디며 소모할 에너지를 저장하고 더불어 외부 추위를 막아주는 역할을 합니다.
　찬 기운이 드나드는 구멍을 막는 일도 중요합니다. 낙엽이 지는 나무는 잎이 달렸던 자리에 떨켜를 형성하면서 이 일을 마감했지요. 푸른 잎을 그대로 달고 있어야 할 소나무의 잎들은 잎의 조직 속으로 차가운 바람이 드나들 공기구멍 주변에 두꺼운 세포벽과 아주 두꺼운 왁스층을 만들어 효과적인 열과 물 관리를 합니다. 산성비가 식물에게 주는 영향을 알아내기 위해 이 왁스층을 현미경으로 조사하는 방법도 있답니다.

  나무들은 더러 뿌리를 내릴 수 있는 터전을 확대하는데 겨울 추위를 이용하기도 한답니다. 절벽의 바위틈에 살고 있는 나무들은 워낙 물이 부족하므로 실뿌리를 많이 만들어 주변의 습기를 가능한 한 최대로 모아 놓습니다. 기온이 영하로 내려가면 물이 얼어 부피가 늘면서 바위가 벌어지고, 그 틈새로 뿌리는 깊이깊이 들어가는 것이지요. 나무뿌리가 바위를 자르는 힘의 원천은 뿌리가 모아놓은 작은 물방울들과 자연을 끌어들인 나무의 지혜였습니다.

  사실 나무가 추위로 피해를 입는 계절은 대부분 겨울이 아닙니다. 겨울은 이러저러한 방법으로 완벽하게 준비했으므로 걱정이 없지요. 오히려 봄이 온 줄 알고 방심하여 연한 조직을 내어놓은 이른봄에 동해를 입는 경우가 많답니다.

  겨울이나 삶의 어려움도 미리 준비하면 견뎌내기 수월치 않을까 싶습니다. 더욱이 우리는 겨울을 지낸 나무들이 더욱 강인해진다는 것을 잘 알고 있습니다.

소나무의 늘 푸른 잎은 추운 겨울을 견디기 위해 지방질을 비축하고 공기구멍 주변에 두꺼운 왁스층을 만들어 열과 물 관리를 효과적으로 합니다.

2002년 12월 23일

겨울눈 속에 담긴 봄

눈 쌓인 생강나무 꽃

작은 겨울눈 속에 놀랄만한 새 세상이 담겨 있어

식물을 공부하는 사람들이 드물게 보는 책 중에 『겨울철 낙엽수 식별』이라는 것이 있습니다. 낙엽이 모두 지고 난 겨울나무들은 어떻게 구별할 수 있을까요? 더러 수피(樹皮; 나무껍질)가 회색으로 너덜거리는 물박달나무나 다이아몬드 무늬가 있는 은사시나무, 흰 껍질이 눈부신 자작나무처럼 수피로 구별을 합니다. 그러나 모든 나무가 이렇게 매력적인 수피가 있는 것은 아니기 때문에 겨울에 나무조사나 나무구경을 하는 것은 불가능한 일로 여겨왔죠.

하지만 이 책의 등장으로 나무를 구별해내는 일에 계절 핑계를 댈 수 없게 되었지요. 우리나라 최고의 원로 식물학자가 오래 전에 겨울 산행을 하게 되었는데 길을 안내하던 촌로 한 분이 겨울임에도 불구하고 주변의 나무 이름들을 척척 대더랍니다.

나무에 따라 줄기도 다르다는 그 노인의 말씀에, 당대 최고의 나무 박사라고 자부하던 선생님은 자존심이 몹시 상했지만 크게 느끼셨답니다. 그때부터 나무를 바라보는 선생님의 시야는 훨씬 깊고 넓어졌고 몇십 년 후 연구결과로 묶여 나오게 된 것이지요.

정말 눈여겨보면 줄기나 가지의 모습은 신기하리만치 다릅니다. 특히 1년생 가지인 소지(小枝)의 모습은 변화무쌍하다고 할 정도입니다. 가장 두드러진 특징은 겨울눈입니다. 맨 끝에 있으면서 가장 큰 눈은 보통 정아(頂芽, 꼭지눈)라고 부릅니다. 이변이 없는 한 내년이면 줄기와 꽃 혹은 잎이 될 녀석입니다.

은사시나무(위)와 물박달나무(아래)의 수피

그 옆에도 눈들이 있습니다. 정아에 문제가 생기면 대신 새 가지로 자랄 예비군입니다. 숲에 가면 곧게 자라던 나무들 사이에 중간부터 줄기가 갈라져 둘로 올라가는 나무들을 볼 수 있는데 바로 정아(사람이름 같지요?)가 다쳐 양 옆의 측아(側芽, 곁눈)들이 동시에 자라게 된 결과입니다. 어려움을 대비해 측

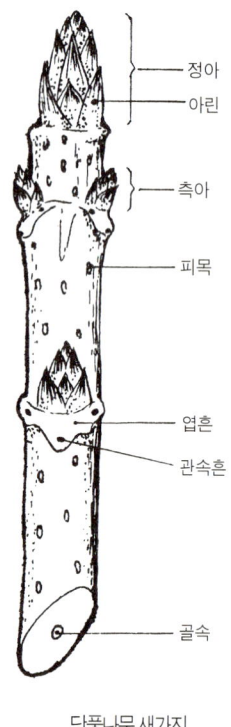

단풍나무 새가지

아보다 더 작은 눈들이 주변에 있기도 하고, 아예 줄기 껍질 속에 들어가 있다가 위급할 때 터지는 잠자는 눈, 잠아(潛芽)도 있습니다.

이 눈들의 크기, 위치, 재질이 나무마다 다 다릅니다. 게다가 눈 아래에는 지난해 잎들이 달렸다 떨어진 흔적이 남아 있습니다. 잎자루의 굵기는 물론 달렸던 위치도 알아낼 수 있습니다. 잎이 달렸던 흔적 속에는 양분을 날랐던 관속이 지나간 흔적도 볼 수 있습니다. 눈여겨보지 않아 몰랐던 신기한 겨울나무의 세계이지요. 들여다보면 메마른 가지 하나에 정말 놀랄만한 세상이 들어 있습니다.

하지만 겨울눈이 지닌 진정한 의미는 봄을 준비하는 희망에 있다고 봅니다. 다음주엔 이 겨울눈 속의 희망을 이야기하며 한해를 마감할까 합니다.

 내년이면 줄기와 꽃 혹은 잎이 될 겨울눈은 나무에 따라 크기, 위치, 재질이 다 다릅니다.

2002년 12월 30일

희망의 상징 겨울눈

다릅나무, 목련, 물푸레나무 겨울눈(왼쪽부터)

겨울눈이 추위를 견디려고 입는 옷은 각양각색

날씨가 차가워졌습니다. 교과서에도 나오는 우리 겨울 날씨의 특징인 삼한사온(三寒四溫)은 사라진 듯합니다. 하지만 춥고 따뜻하기가 반복되는 주기는 여전한 것 같군요.

역설적이게도 가장 모진 계절을 견디는 겨울눈 속에는 식물의 가장 어리고 연한 조직이 들어 있습니다. 내년에 자랄 부분이지요. 물론 아주 단단한 껍질로 철저히 무장하고 있습니다. 추위를 막기 위해서입니다. 우리가 겨울에 코트를 입듯이 말입니다.

백목련처럼 연회색빛 털 코트를 입은 겨울눈도 있고 물푸레나무처럼 검은색에 가까운 가죽 코트를 입은 겨울눈도 있습니다. 어떤 코트를 입고 있느냐에 따라 나무마다의 개성이 드러납니다.

나무의 종류에 따라 눈의 모습이나 역할이 모두 다릅니다. 그 중에는 꽃으로 피어날 꽃눈(花芽)도 있고, 잎으로 펼쳐질 잎눈(葉芽)도 있고, 이 모두가 차례차례 한 눈 속에 들어 있는 눈도 있습니다.

진달래나 개나리처럼 봄이 오면 온 세상을 환하게 만드는 꽃나무들은 이미 꽃으로 피워낼 꽃눈의 분화를 마친 상태로 겨울을 납니다. 봄이라는 가장 아름다운 계절을 자기들의 세상을 만들기 위해서 아주 부지런히 노력을 하는 것이지요. 봄의 환희는 준비된 나무들만이 받을 수 있는 계절의 축복입니다.

꽃이 될 눈들을 잘라 보면 모양과 숫자를 다 갖추고 이미 다 만들어진 꽃잎이 차곡차곡 포개어져 때를 기다리고 있는 모습을 볼 수 있습니다. 봄이 오고 나서 서서히 조직을 분화하는 나무들도 있지만 이러한 잎이나 혹은 꽃들은 이미 지상에 지천인 초록에 묻혀 버리기 십상입니다.

겨울의 어려움을 겪어 낼 겨울눈이 없다면 그 나무는 새 봄을 기약할 수 없습니다. 올 한 해의 준비 과정에서의 어려움이 없었다면 우리도 새해를 혹은 미래를 기약할 수 없는 것과 같습니다. 그래서 겨울눈은 어려움의 상징인 동시에 희망입니다.

어김없이 한해가 가고 다시 새로운 한 해가 다가옵니다. 따지고 보면 그날과 그날이 크게 다를 것 없는 평범한 겨울날이지만 우리는 해

갯버들의 겨울눈

를 바꾸어 의미 있는 날로 만들었으며 비로소 지난 일에 대한 마감과 새로운 출발이 가능해졌습니다.

  지난 한 해 동안 제가 편지를 통해 더듬거리며 찾아보고 싶었던 것도 겨울눈 속에 혹은 자연의 아주 작은 그 어떤 모습과 현상 속에 감추어진, 세상을 살아야 할 이치들이며 그렇게 의미를 만들고 싶었던 것이 아닌가 합니다. 함께 마음을 열고 들여다봐 주신 여러분께 감사의 마음으로 새해 인사를 드립니다.

 꽃이 될 눈들을 잘라 보면 모양과 숫자를 다 갖추고 이미 다 만들어진 꽃잎이 차곡차곡 포개어져 때를 기다리고 있는 모습을 볼 수 있습니다.

 2003년 1월 6일

숲에 내린 겨울눈

눈 내린 겨울숲

하얀 눈은 숲 속 식솔들을 감싸는 이불이며 생명수

새해 흰 눈은 서설이겠지요. 하늘에서 눈이 쏟아지지 않는다면 마음 속에서라도 흰 눈을 내려 잊고 싶은 일, 힘겨웠던 일, 무엇보다도 밉고 원망스러웠던 일일랑 모두 덮고 눈 덮인 산야처럼 백지에서 시작하고 싶습니다.

하지만 출근길에 몇 개씩 큰 고개를 넘어야 하는 저는 눈 소식이 들리면 가슴이 덜컹 내려앉습니다. 눈이 아무리 많이 내려도 더러워진 도시를 씻어줄 것 같지 않은 불안감도 듭니다.

눈이 오기를 기다리는 초등학교 1학년짜리 딸아이를 보면, 흰 눈이 주는 기쁨도 그 마음의 깨끗함에 비례하는 것이 아닌가 하고 제 자신을 되돌아보게 됩니다.

나무들에게, 풀들에게 눈은 어떤 존재일까요? 제 계절에 내리는 눈은 분명 숲 속의 식물들에게 아주 필요한 존재입니다. 추위가 가고 식물들이 새로운 움을 틔우기 시작하는 봄은 매우 건조한 기간입니다. 이때 겨우내 쌓여 있던 눈들이 조금씩 녹으면서 식물들에게는 요긴한 수분 공급원이 된답니다. 눈은 추위를 막아주는 역할도 합니다. 눈이 완전히 덮여 있으면, 키 작은 식물들은 촉촉하고 아늑한 눈 속에서 매서운 삭풍을 피할 수 있습니다. 울릉도처럼 눈이 아주 많이 내리는 지역이 겨울에 눈이 적은 다른 지역보다 연평균 기온이 높아서 겨울을 나는 식물이 훨씬 많은 것을 보아도 알 수 있습니다.

얼마 전 영동지방에 쏟아졌던 눈처럼 눈이 너무 많이 내려 나뭇가지들이 휘어지고 부러지고, 더러 나무째 넘어지는 일이 있더라도 숲 전체적으로 보면 긍정적인 면이 많습니다. 눈이 쌓여 부러진 가지들은 상대적으로 약한 가지일 것입니다. 쉽게 쓰러져 버린 나무들도 마찬가지고요.

빽빽한 나무줄기들이 볕을 또는 양분을 가지고 경쟁하는 숲 속에서 눈을 통한 자연 도태는 숲 전체를 건강하게 만듭니다. 말하자면 자연적인 가지치기나 간벌과 같은 숲 가꾸기를 하는 셈이지요.

설사 숲 전체 나무들의 생산력이 떨어졌다손 치더라도 쓰러진 나무를 터전으로 삼아 돋아나는 버섯들이 생겨나고, 숲의 빈 공간을 재빠

눈 속에 피어난 미치광이풀

르게 차지하는 키 작은 풀들도 있을 것입니다.

　주말이면 강원도로 향하는 차량 행렬이 끝없이 이어집니다. 새해를 맞이하면서 스키장에서 미끄러지는 상쾌함도 좋지만, 나뭇가지마다 눈꽃이 피어나 세상에서 가장 아름답고 순결한 풍광을 만들어 내고 있을 산을 오르며, 자연의 이치처럼 조화로운 한 해를 설계해 보시는 것도 좋을 듯합니다.

 제 계절에 내리는 눈은 숲 속의 식물들에게 아주 필요한 존재입니다. 모진 겨울바람을 막아주기도 하고 봄이 되면 겨우내 쌓여 있던 눈들이 조금씩 녹으면서 식물들에게 수분을 공급하는 역할도 합니다.

2003년 1월 13일

생명력 질긴 바닷가 식물

갯까치수영

소금기 많은 강한 바닷바람에 살아남는 법 터득한 바닷가 식물들

겨울 바다… 이야기만 들어도 마음이 설레던 시절이 누구에게나 있습니다. 그 한적함과 쓸쓸함이 가슴에 콕콕 박혀드는 그런 시절 말입니다.

  일상에 묶여, 일출을 바라보며 새해를 설계하는 거창한 계획은 세울 수 없지만 그래도 겨울 바다를 보면서 부풀고 틀어진 마음을 차곡차곡 눌러 차분하고 단단한 마음을 되찾고 싶습니다.

식물은 산에 가서 보아야 한다고 생각되지만 바닷가에서도 그 곳만의 독특한 식물들을 볼 수 있습니다. 지금도 조금 남쪽으로 방향을 잡으면 가을부터 겨울까지 지칠 줄 모르고 피는 해국 꽃 구경이 가능할 것입니다. 해국은 본래 풀이었지만 이렇게 겨울에도 죽지 않고 견디다 보니 어느새 줄기가 목질화되어 때로는 나무인지 풀인지 말하기 어렵습니다. 우리는 이를 두고 반목본성 식물이라고 부릅니다.

바닷가에 사는 식물들은 공통점들도 있습니다. 바닷가는 소금기가 많이 들어 있는 강한 바닷바람이 쉴 새 없이 불어옵니다. 햇볕도 아주 강한 편이지요. 그래서 바닷가 식물들의 잎은 다른 식물들에 비해서 두껍고 단단하거나, 갯까치수영이나 돈나무처럼 반질반질 윤기가 나서 과다한 수분 증발을 막거나, 혹은 털이 가득 덮여 있어 바람의 충격을 줄여주는 경우가 많습니다.

갯메꽃이나 갯방풍처럼(바닷가 식물에는 '갯' 이라는 글자가 들어가는 것이 많습니다) 모래땅에 살고 있는 식물들은 모래가 워낙 바람에 잘 흩어지고 물도 잘 고이지 않으므로 아주 깊이 뿌리를 내리거나 줄기를 땅속이나 땅위에서 서로서로 엮어 아주 단단하게 연결하고 있기도 합니다.

갯메꽃

풍란이나 석곡은 바닷가 절벽 바위틈에 굵은 뿌리를 드러내고 살고 있습니다. 많은 사람들이 이러한 식물을 키우면서(법적인 보호를 받고 있는 식물입니다) 바위틈에 자라니까 아주 건조한

해국

것을 좋아한다고 생각하지만 잘못 안 것입니다. 새벽녘 바닷가에 안개가 머물며 얼마나 공중습도를 높여주는지를 생각해보면 이 식물들이 좋아하는 조건을 잘 알 수 있습니다.

혹 겨울 바다를 찾아갈 만큼 시간이 있으신 행복한 분이라면 너른 바다만 보시지 말고 바닷가 바위틈 혹은 모래밭에 뿌리박은 그 장한 바다 식물들에게도 따뜻한 눈길을 한번 보내주시기 바랍니다.

 바닷가 식물들의 잎은 다른 식물들에 비해서 두껍고 단단하거나, 반질반질 윤기가 나서 과다한 수분 증발을 막아주기도 하고 혹은 털이 가득 덮여 있어 바람의 충격을 줄여주는 경우가 많습니다.

2003년 1월 20일

새와 공생하는 동백나무

동백꽃

동백나무 꽃 전문 꽃가루받이 새 동박새

겨울을 가장 완전하게 차지하고 사는 겨울나무를 고르라면 눈 쌓인 소백산의 주목이나, 울진 소광리의 금강소나무 숲이 떠오르지만 남도의 출렁이는 푸른 물을 바라보며 사는 동백나무도 빼놓을 수 없습니다. 지금이 바로 동백나무의 계절입니다.

처음엔 동백(冬柏)나무를 겨울나무라고 말하는데 거부감이 있었습니다. 한반도 허리쯤에 살고 있는 사람들은 온실 밖 건강한 땅에서 동백나무를 구경하기도 어려울 뿐더러, 주로 봄에 꽃을 보았기 때문입니다.

식물공부를 열심히 하며 계절을 따지지 않고 식물을 보러 다니던 때, 정월 거문도의 바닷가에서 만난 동백나무의 그 붉은 꽃빛을 지금도 잊을 수가 없습니다. 따뜻한 남쪽지방이 고향인 동백나무는 한겨울이 제 계절이라는 것을 우물 안 개구리였던 초보 식물학도가 처음 깨달은 순간이었습니다.

마침 남쪽에서는 만나기 어려운 눈발이 흩날리기 시작했는데 불 붙듯 피어 난 붉은 동백꽃잎에 바다 소금이 변한 듯 흰 눈자락이 올라앉는 모습은 세상에서 가장 아름답고 귀한 모습이었습니다.

동백나무의 아주 독특한 점은 조매화(鳥媒花)라는 것입니다. 꽃가루받이를 하는데 벌과 나비가 아닌 새의 힘을 빌리는 꽃을 말합니다. 크고 화려한 꽃이 많은 열대지방에서는 이러한 조매화를 간혹 볼 수 있습니다. 화질 좋은 전자제품을 선전할 때 등장하는, 꽃을 찾아가 날개를 팔락거리는 파란색 벌새가 그 경우입니다.

하지만 우리나라에서 조매화는 동백나무가 거의 유일할 듯합니다. 동백나무의 꿀을 먹고사는 이 새는 이름도 동박새입니다. 동백나무에는 꿀이 많이 나므로 벌과 나비가 찾아오지 않는 것은 아니지만 꽃이 피는 한겨울은 곤충이 활동하기에 너무 이른 계절이므로 녹색, 황금색, 흰색 깃털이 아름다운 작은 동박새가 주로 그 임무를 맡습니다.

동백나무가 자라는 곳을 짚어 보면 해류가 많은 영향을 미친다는 것을 알 수 있습니다. 내륙으로는 지리산 화엄사까지가 북한계인데 해안 쪽으로 가면 서쪽으로는 충남 서산이라 하고 섬으로는 대청도까

동박새

지 올라가며 동쪽으로는 울릉도가 끝입니다. 간혹 추위에 내성이 강한 나무들이 더 올라와 자라기도 하지만 북으로 올라올수록 꽃 피는 시기는 점점 늦어집니다.

  동백나무 꽃 소식에 귀를 기울여 보십시오. 봄이 오는 속도를 느낄 수 있습니다. 지난 12월에 시작된 이 꽃 소식이, 꽃잎 하나 상하지 않은 채 그대로 툭툭 떨어지는 장렬한 낙화를 두고 "눈물처럼 후드득 지는 그 꽃 말이에요"라고 노래한 고창 선운사에 도달한 즈음이면 이미 봄이 와 있을 것입니다.

 동백나무가 꽃이 피는 한겨울은 곤충이 활동하기에 너무 이른 계절이므로 녹색, 황금색, 흰색 깃털이 아름다운 작은 동박새가 주로 그 임무를 맡습니다.

2003년 1월 27일

2,000년 견딘 연꽃 씨앗

연꽃

신석기 때 씨앗이 이제야 싹터 꽃 피워낸 시공초월한 생명력

눈이 소복하게 내리는 날이면, 항상 하고 싶은 일이 있습니다. 그러려면 지난여름에 이미 준비해야 하는 일인데 그렇지 못했으니 이번 겨울에도 이루지 못할 소망이지만…. 제가 살아가면서 과연 그러한 특별한 감동을 누릴 기회가 있을까 의문이 남기도 합니다. 무슨 일인지 궁금하시죠?

몇 년 전 충청도의 작은 사찰에 계신 스님 한 분을 뵈었습니다. 백

연꽃이 피어서 열매를 맺기까지의 모습

련(白蓮), 즉 흰색의 꽃을 피우는 연꽃을 키우고 계셨습니다.

늘어난 연뿌리를 주변에 나누어주는 일도 스님의 중요한 일 중 하나였습니다. 백련은 탐스럽게 핀 꽃송이의 미려한 자태가 그 어느 꽃에 비기기 어려울 만큼 곱기도 하지만 꽃 한 송이가 풀어 놓은 꽃향기의 그윽함과 풍부함은 숱한 꽃을 보며 살아가는 제게도 감동 그 자체였습니다.

온 세상이 하얗게 눈에 덮여버리는 날이면, 스님께서 마음 닿는 가까운 몇 사람을 초대하신답니다. 일어서면 천장이 닿고 바로 눕지도 못할 그 단출한 산사의 방 한가운데, 적당한 온도의 찻물이 담긴 커다란 오지그릇에 지난 여름날 절정을 이루며 피었던 백련 한 송이가 찻잎과 함께 포개져 다시 계절을 거슬러 피어납니다.

뜨거운 물 위에 띄워진 백련은 다시 한번 차례차례 꽃잎을 펼쳐내고 그 향기는 온 방안을 진동합니다. 연향(蓮香)을 가득 담은 찻물이 녹아내리고 그 차를 함께 나누는 사람들의 맑은 마음이 거기에 머물러 있을 때 문밖에는 여전히 소리 없는 눈이 내립니다.

어떠세요. 이 정도면 스님께서 1년에 딱 한번 누리신다는 호사에 초대 받고 싶으시죠.

연꽃은 불가의 꽃으로 유명합니다만 식물학자들에겐 씨앗의 신비를 보여준 식물입니다. 일반적인 풀씨는 씨앗이 맺힌 지 한 해가 지나면 싹 트는 능력이 현저하게 줄어 야생식물을 잘 키우려면 씨앗을 얻자마자 계절에 관계없이 뿌려야 합니다.

물론 식물마다 다르고 조건에 따라 오래가기도 하지만 가장 놀라운 생명력을 보여주었던 씨앗은 바로 연꽃입니다. 대부분의 수생식물들은 물을 벗어나면 씨앗의 껍질이 그 어떤 건조와 충격에도 견딜 수 있을 만큼 견고해집니다.

1951년 동경 부근의 한 늪에서 신석기 시대로 생각되는 카누 안에서 3개의 연꽃 종자가 발견되었습니다. 학자들은 이 중에서 2개를 싹 틔워 지금의 연꽃과 조금도 다름없는 분홍색 연꽃을 피워냈습니다. 상상을 해보십시오. 2,000년을 살아서 때가 오기를 기다렸던 연꽃 씨앗이 피워낸 그 놀라운 세상을.

식물이란 이렇게 따뜻함으로 때론 놀라움으로, 한겨울에서 다시 한여름으로 시공을 넘나드는 정말 특별한 존재입니다.

 2003년 2월 3일

사과에 담긴 과학

사과나무

너무 익으면 푸석거리는 것은 세포가 분리된 탓

요즈음은 사과가 정말 맛있는 계절입니다. 향기 가득한 사과 한 입 베어 물면 시고도 단 물이 가득 배어 나오지요. 지금이 제철인 사과, 하지만 덜 익은 풋사과는 싱그러울망정 맛은 시고 떫습니다. 너무 익은 사과는 과육이 푸석거려 사각거리는 맛을 느낄 수가 없지요.

미숙한 사과가 시면서도 향기롭지 않은 것은 사과산과 같은 여러 비휘발성 산을 가지고 있기 때문이며, 떫은맛은 껍질의 탄닌산이 혀

표면의 단백질과 만나면서 자극을 주기 때문이라고 합니다.

　사과는 익어가면서 세포 가득히 당분이 생기고 단맛이 나기 시작합니다. 특유의 사과 향은 미숙한 사과에 있었던 산과 알코올이 결합하여 에스테르(ester)라는 화합물을 만든 결과입니다. 이러한 화학반응은 산소가 부족한 과일의 중심부에서부터 일어납니다. 파인애플같이 상대적으로 큰 과일에 향기가 더욱 풍부한 이유도 그 때문이라고 합니다.

　당이 생기는 것은 이전에도 이야기했듯이 단맛의 과육으로 동물을 유인해서 씨앗를 퍼뜨리기 위함이며 동시에 새싹을 틔울 때까지 스스로 에너지원이 되기도 합니다.

　과일이 너무 익고 나면 푸석거리고 단맛도 신맛도 줄어듭니다. 현미경으로 이런 사과의 과육을 들여다보면 세포가 서로 분리되어 있는 것을 볼 수 있습니다. 잘 익은 사과는 깨물면서 세포가 치아 사이에서 깨져 세포액이 좋은 맛을 내지만, 과숙한 사과의 세포는 치아 사이로 빠져나와 맛을 느끼기 어려워지는 것이랍니다. 오래 두어 그냥 먹기에 맛이 없는 사과를 사과 시럽이라도 만들려고 끓이면 없어졌던 그 맛이 다시 살아나는 이유도 같은 이치입니다.

　제가 학교 다닐 때만 해도 화학이나 수학이 어려운 친구들은 문과를 택하고, 과학 중에서는 생물을 골랐던 기억이 납니다. 그런데 사과의 색이나 맛 심지어는 꽃의 색깔이나 향기를 알고자 해도 화학을 알아야 하는데, 화학을 멀리

하면서 생물을 택했던 것이 얼마나 무지했던 일인가 싶습니다.

뉴턴은 만유인력을 하필이면 사과나무 아래에 누워 있다가 발견했을까요. 철학자 스피노자는 왜 하필이면 내일 지구가 멸망한다면 오늘 한 그루의 사과나무를 심겠다고 했을까요.

사과나무에는 이 말고도 종교도 있고, 의학도, 예술도 들어 있습니다. 그래서 자연을 가까이 하라는 것일 겁니다. 겨울밤, 사과 하나 깎아 먹다 너무 비약을 한다 싶지만 세상에 있는 수십 만 개의 고등식물 중 하나인 사과 하나에도 이렇게 많은 이야기가 있다는 사실이 새삼스럽습니다.

잘 익은 사과는 깨물면서 세포가 치아 사이에서 깨져 좋은 맛을 내지만, 과숙한 사과의 세포는 치아 사이로 빠져나와 좋은 맛을 느끼기 어려워집니다.

2003년 2월 10일

사과나무가 꽃 피기까지…

사과나무 꽃

섭씨 0~7도 기온이 1,600시간이 쌓이면 휴면 끝내고 발아준비

사과는 껍질을 까놓으면 갈색으로 변합니다. 사과 속 철분이 변한 것으로 알려져 있는데 사실은 사과의 냄새나 맛, 색에 관련하는 페놀계 화합물이 산화 효소와 공기의 영향으로 그리 된다고 합니다. 사람에게 부끄러움을 알게 했다는 선악과. 우리는 이 금단의 열매를 사과로 많이 표현하지만 원산지를 추정해 보건대 무화과 종류일 확률이 높다는 이야기도 있습니다.

지난주에도 사과 이야기를 했지만 오늘은 문밖에 서 있는 사과나무 이야기를 좀 더 할까 합니다. 지금 사과나무는 휴면기에 들어가 있다고 할 수 있습니다. 동물이 겨울잠을 자듯이 자라기 부적당한 기간에 생육을 멈추는 현상을 말하지요. 여름이 가면서 낮 길이가 짧아지면 사과나무는 휴면에 들어갈 준비를 합니다. 온도로 아는 것이 아니라 낮의 길이로 인식을 하는 것이랍니다.

사과나무는 잠을 깰 때가 되었다는 것을 어떻게 알까요? 겨울동안 섭씨 0~7도의 기온이 사과나무 눈에 1,600시간 정도 축적되면 휴면에서 깨어나 겨울눈이 발아할 준비를 합니다. 이 시기가 2월 하순쯤 되니까 지금이 잠을 깨기 직전입니다.

이 시기에는 겨울을 준비하면서 멈추었던 여러 호르몬이 분비되고 호흡량도 늘어나게 됩니다. 물론 우리 눈에는 보이지 않는 변화입니다. 흔히 추운 겨울을 지낸 나무일수록 아름다운 꽃을 피운다고 하는데, 적어도 추운 겨울을 충분히 지낸 나무들만이 새싹을 내보낼 수 있는 것만은 틀림없습니다.

깨어난 눈이 쑥 자라 오르게 만드는 것은 온도입니다. 3월이 지나 온도가 상승하면 눈이 부풀어 오르고 뿌리에 저장되었던 양분이 수액에 담겨 이동하지요. 우리가 초봄에 먹는 고로쇠 수액은 이를 가로채는 것이지요. 물론 나무마다 품종마다 혹 지역마다 휴면이 끝나는 시기에는

사과나무의 꽃눈

차이가 있습니다.

눈에서 새순이 올라오면 꽃과 잎이 차례로 갈라지면서 꽃송이 혹은 잎들을 펼쳐내지요. 봄에 피어나는 꽃들은 이미 지난 초여름에 꽃의 형태로 분화를 시작한 것들입니다. 정말 철저히 준비하고 있지요?

나무에 따라 잎눈과 꽃눈이 따로 있기도 하지만 사과나무는 꽃눈이 잎과 함께 있습니다. 꽃잎 피는 시기와 잎이 나는 시기가 같은 것은 이 때문입니다. 물론 잎만 나는 눈이 따로 있기도 합니다만. 하나의 눈에서 보통 5개의 꽃이 나옵니다. 5개 꽃이 피는 순서는 어떨까요? 가운데부터 먼저 피고 다음으로 시계 방향으로 돌아가면서 피어나지요. 꽃 피는 일에도 순서가 있는 것이랍니다.

꽃 모습이 조금씩 다른 사과나무 품종
홍도, 화홍, 후지(위에서부터)

겨울잠에서 깨어난 사과나무가 그 순결한 흰 꽃을 피우기 위해서 이러한 과정을 거치는 것이지요. 지면이 짧으니 아무래도 열매 맺기까지는 돌아올 가을을 기약해야겠습니다.

2003년 2월 17일

남보다 부지런한 **잡초**

개망초 군락

곁방살이 하다보니 속전속결 생장력이 빠르고 강해

며칠 매섭게 춥더니 이제 얼굴을 내놓고 다니기가 조금 수월해졌습니다. 목련의 눈이 많이 부풀어 올랐던데 겨울은 이렇게 가고 있습니다. 다만 방심한 식물들에게 때늦은 추위가 덮쳐오면 치명적일 수 있다는 게 걱정입니다.

이 즈음 들녘에 나가면 눈에 띄는 풀들은 잡초입니다. 잎을 납작하게 바닥에 붙이고 방석처럼 퍼져(이런 모양을 로제트형이라 합니다)

겨울을 지내다가 이즈음 꼬물꼬물 움직이기 시작하는, 가장 빨리 계절의 변화에 대응하는 식물들입니다. 망초, 달맞이꽃, 서양민들레와 같은 외국에서 들어온 귀화식물들이 많지만 냉이나 꽃다지 같은 풀들도 있습니다.

잡초라는 말을 할 때마다 식물들에게 미안함을 느낍니다. 잡초란 사전적 의미로는 '경작지, 도로, 그 밖의 빈터에서 자라며 생활에 큰 도움이 되지 못하는 풀'이죠. 그러나 이는 인간중심적인 사고일 뿐입니다.

예를 들어 논에서 자라는 매화마름은 벼를 키우는 입장에선 분명 불필요한 존재여서 논잡초 목록에 올라 있지만 우리나라에선 대표적인 희귀식물이어서 법적인 보호까지 받고 있습니다. 얼마나 식물들을 인격(식물격植物格이라고 해야 하나요?)적으로 보지 않는지 짐작할 수 있습니다. 만일 우리가 매화마름을 보전하기 위해 만든 습지에 벼가 자란다면 그때는 벼가 잡초로 전락할 수도 있겠지요.

어쨌든 우리가 잡초라고 부르는 식물들은 강인한 생명력을 갖고 있습니다. 특히 귀화식물은 본래 다른 식물들이 자라는 땅을 차지해야 하니 얼마나 열심히 살아야 하는지 모릅니다.

우선 다른 식물보다 먼저 빨리 움직입니다. 요즘 자라는 잎들은 지난 해 이미 싹을 틔운 것이어서 기온이 올라 언 땅이 녹으면 싹트는 단계 없이 바로 순이 쑥 자랍니다.

몸속에 이산화탄소를 저장하고 있다가 양분으로 이용해 훨씬 빨리 자라는 것도 있습니다. 토종 민들레는 봄에 잠시 꽃을 피우지만, 귀화식물인 서양민들레는 연중 계속 꽃을 피우니 경쟁이 안 되지요. 벼농

매화마름

사에 피가 문제가 되는 것도 벼보다 피가 더 빨리 자라나 피를 없애는 속도를 앞지르기 때문입니다.

또 잡초는 대부분 씨앗이 작고 많습니다. 한 포기에 2만~20만개의 씨앗을 만드는데, 가벼워 멀리 가고 조금만 살아남아도 새 땅을 차지합니다. 두 종류의 씨앗을 만들어 하나는 봄에, 하나는 계절과 무관하게 싹을 틔우는 식물도 있습니다. 그 밖에도 근친상간에 상관없이 한 식물의 암수가 만나 꽃가루받이하기, 뿌리나 줄기 등으로 번식하기 등 여러 공통점이 있습니다. 잡초라고 무시했던 이들이 참 대단하다 싶습니다.

어찌보면 너무 변화무쌍한 세상, 잡초처럼 열심히 적응하며 살고, 아름다운 꽃을 피워내는 것도 필요할 듯합니다.

2003년 2월 25일

고구마는 뿌리, 감자는 줄기

감자 꽃

영양분 저장기관 기능 비슷하지만 근본태생은 달라

입춘도, 우수도 지나 이제 정말 봄이 오려나 봅니다. 겨울 내내 봄을 기다렸는데 막상 눈앞에 다가오니 이젠 겨울이 아쉽습니다. 가족들과 계획했던 겨울여행, 온갖 풀과 나무들이 왕성한 활동을 시작하기 전 공부하려 했던 것이 생각나 갑작스레 마음이 급해집니다.

길을 지나다 아주 오랜만에 군고구마 파는 곳을 만났습니다. 노르스름하게 잘 익은 군고구마를 호호 불며 나눴던 옛날이 생각나 한 봉지 사들고 들어왔습니다. 오늘은 고구마와 감자이야기로 가는 겨울을 잠시 잡아볼까 합니다.

고구마와 감자는 언제나 함께 묶여 다닙니다. 공통점으로 치자면 중요한 식량으로 이용되고 본래의 고향은 중앙 혹은 남아메리카 대륙이었으며 서양에서의 재배역사가 아주 오래됐다는 것입니다.

고구마는 조선 영조 때 대마도를 통해 들어왔고, 감자는 그 후인 순조 때 우리나라에 처음 들어왔습니다. 울퉁불퉁 못생긴 모양과 땅속에서 캐어 낸다는 점에서 아주 비슷한 식물이라고 생각하지만 두 식물은 근본적으로 아주 다릅니다.

우선 고구마는 뿌리이지만 감자는 줄기입니다. 덩어리진 모양은 두 가지 모두 영양분을 저장하는 저장기관으로 그리 되었지만 태생이 다른 것이지요. 모양을 잘 생각해보면 고구마는 표면에 너덜너덜 잔뿌리의 흔적을 가지고 있으며 감자는 반질거리고 곳곳에 움푹 패인 부분에 눈을 달고 있습니다. 줄기이기 때문이지요.

그래서 감자는 줄기에 달린 눈마다 싹을 틔워 올리고 뿌리는 따로 나오도록 유도하지만, 고구마는 뿌리이니 땅속으로 내려가는 아래 부분과 싹을 틔워 줄기를 올려 보내는 윗부분으로 구분되는 것이지요.

싹이 난 감자와 줄기에서 감자가 달리는 모습

식물분류학적으로도 서로

다른 과에 속하니 여러 장의 작은 잎으로 이루어진 복엽의 감자 꽃과, 잎과 꽃이 나팔꽃처럼 생긴 고구마는 사뭇 다릅니다. 고구마는 차라리 나팔꽃이나 메꽃과 더 닮은 식물이지요. 본질이 다른 두 식물을 언뜻 보이는 외양만 보고 한 묶으로 분류했던 인간중심적인 사고가 여기에도 보입니다.

그리고 보니 저는 고구마 꽃을 사진으로나 보았지 실제로 보고 관찰한 기억이 나지 않습니다. 자생식물을 주로 공부하다 보니

싹이 난 고구마와 뿌리에서
고구마가 달리는 모습

고구마 밭을 들여다 볼 일도 거의 없지만 실제 고구마는 꽃이 잘 피지 않습니다. 뿌리에서 나온 싹을 나누어 모종을 만드는 방법이 보편화하자 이 식물도 점차 꽃을 만드는 노력을 하지 않는 것이라고 말할 수 있겠지요. 인간에게 길들여져 가는 것이라고나 할까요. 하긴 어떤 분은 놀랍도록 머리 좋은 식물이 인간을 이용하여 손쉽게 종족을 퍼트리는 것이라고 설명하기도 하더군요. 식물들의 생각을 읽어내기가 정말 힘들다는 생각이 듭니다.

 감자는 덩이줄기에 달린 눈마다 싹을 틔워 올리고 뿌리는 따로 나지만 고구마는 뿌리이니 땅속으로 내려가는 아래 부분과 싹을 틔워 줄기를 올려 보내는 윗부분이 구분됩니다.

봄

2003

산불 걱정, 산림 걱정
고로쇠나무의 값진 선물
벚꽃 필 무렵
나무심기, 늦추지 마세요
'씨앗 생명' 깨우는 물
뿌리 솜털의 저력
영리한 난초
크고 별난 라플레시아
성 전환하는 천남성
천덕꾸러기 오해 받는 아까시나무
아까시나무의 꿀과 가시

2003년 3월 17일

산불 걱정, 산림 걱정

산불이 난 후 자연복원이 되어 철쭉이 핀 모습

산불 난 자리 놓고 자연복원·인공조림 획일 선택은 잘못

비가 자주 온다니 반갑기 그지 없습니다. 한참 물이 오를 나무들을 위해서도, 어두운 땅속을 탈출하고픈 풀들의 여린 새싹들을 위해서도 그렇지만, 숲 혹은 산림과 관계를 맺고 살아가는 사람들은 산불 걱정이 줄어 더욱 그렇습니다.

제가 국립수목원에서 일한 지 몇 달 되지 않았을 때입니다. "어디 어디 불이래!" 하는 소리가 들리자 전 직원이 하던 일을 멈추고 뛰어나가

트럭에 몸을 싣고 떠나더군요. 얼마나 갑작스럽고 순간적이던지, 멍하니 혼자 남아 참으로 놀랐던 기억이 아직도 생생합니다. 근처에 산불이 났다는 소식에 불을 끄러 달려 나간 것이지요.

이젠 저도 3월부터 시작된 비상근무로 주말을 모두 반납하는 일도, 때가 되면 '산불조심' 모자를 쓰고 광릉 숲 길목에 서서 라이터 가지고 드나드는 사람을 막고, 논두렁 태우는 할아버지랑 입씨름 하는 일도 익숙해졌습니다. 심지어 식구들과 길을 가다가도 저만치 산자락에서 연기가 나면 먼 길이라도 돌아가 확인해 봐야 마음이 편해지곤 합니다. 산림보호 업무와 무관한 연구직이 무슨 얘기냐고요? 업무가 무엇이든 적어도 산림공무원들은 모두 그렇게 봄을 보냅니다. 아까시나무에 잎이 나기 시작할 즈음, 즉 숲이 더 이상 건조하지 않을 때까지는 말입니다.

그런데 이즈음엔 산불이 났던 자리를 어떻게 해야 할까도 큰 걱정이랍니다. 대부분의 사람들은 불탄 자리에 나무를 심는 일을 당연하게 생각했는데, 그냥 두는 것이 좋겠다는 연구결과가 얼마 전 지상에 보도되었습니다. 그 후 강원도 동해 산불이 난 자리를 인공 조림할 것이냐, 자연복원할 것이냐를 놓고 논쟁이 커졌습니다.

하지만 영험한 생체인 나무, 그리고 그들이 모여 이루어진 유기적인 복합체인 숲을 한 가지 논리와 방식으로 바라보는 것은 경계해야 합니다. 헐벗은 산에 나무를 심어야만 숲이 만들어졌던 옛날과 달리 지금 우리의 산은 자연복구가 가능한 곳이 많아졌습니다. 그렇게 하는 것이 토양의 유실을 줄이고 빨리 푸른 숲으로 돌아가는데 도움이 되는 것은 사실입니다. 하지만 그것이 다는 아닙니다.

산불이 난 후 숲으로 돌아가는 모습

우리가 부러워하는 유럽의 숲, 100년 이상을 키운 나무 한 그루의 가치가 벤츠 한 대 가격과 맞먹는다는 그 나무는 인공림입니다. 자연복구된 나무들은 숲을 금방 푸르게 할 수 있지만, 만일 흠 없는 좋은 목재를 얻으려면 그로부터 2~3대를 거쳐 씨앗이 자란 나무가 곧게 자라야 하니 나무를 심는 편이 옳습니다.

암반이 드러나는 등 조건이 좋지 않는 곳은 그냥 놔두는 편이 더 나을 수도 있습니다. 하지만 궁극적으로 굴참나무와 같은 활엽수가 주인인 숲은 여러 가지를 고려해봐야 합니다. 자연복원력이 좋은 여건의 숲이어도 만일 그 산의 주인이 "몇 년 아니 몇 십 년을 기다리더라도 소나무 숲에서 자라는 송이버섯을 보겠다."고 한다면 역시 소나무를 심어야 하겠지요.

3월 중 산불근무 일정표를 받아보다가, 불타버린 산을 푸른 숲으로 만드는 방법을 놓고 흑백논리로 이야기하는 것이 걱정돼 말이 조금 길었습니다.

 영험한 생체인 나무, 그리고 그들이 모여 이루어진 유기적인 복합체인 숲을 한 가지 논리와 방식으로 바라보는 것은 경계해야 합니다.

2003년 3월 24일

고로쇠나무의 값진 선물

고로쇠나무

나무의 생명수를 받아가는 대신 황금알 낳는 거위의 교훈 잊지 말아야

먼 산에 쌓인 눈은 여전하지만 그래도 길을 나서면 온 산과 대지에 봄의 기운이 가득합니다. 눈앞에 뻬죽뻬죽 내미는 연둣빛 새싹이 보이지 않더라도, 성급한 봄꽃의 길맞이가 없더라도, 한창 물이 오르고 있을 나뭇가지의 탄력이나 땅의 부드러운 감촉으로 때를 알 수 있음이 스스로 대견하기도 합니다.

이즈음 산엘 가면 자주 만나는 간판 중 하나가 고로쇠나무 수액을

고로쇠나무의 수액을 받는 모습

판다는 내용입니다. 이른 곳에서는 이미 지난 2월부터 수액 채취를 시작했을 터이니 훨씬 일찍 봄의 소리를 듣는 사람들이 바로 이들이 아닐까 싶기도 합니다.

수액으로 워낙 유명하니 고로쇠나무라는 이름은 익숙할 터이지만 식물의 생태를 잘 아는 이들은 생각보다 드문데, 고로쇠나무는 단풍나무와 같은 집안의 나무입니다. 잎이 단풍나무처럼 5~7갈래로 갈라져 있으나 잔톱니가 없고 가을엔 노란색으로 물드는 경우가 더 많습니다. 물론 열매에 프로펠러 같은 날개도 달려 있고요. 나무는 눈여겨보지 않은 채 오직 몸에 좋다는 나무 몸 속 물에만 관심을 둔다면 나무에게 조금 미안한 마음을 가져야 할 겁니다.

수액이란 나무의 도관을 흐르는 액체를 말합니다. 나무에게도 물은 곧 생명이어서 물을 통해 양분을 포함한 모든 물질이 이동되고, 세포 내의 모든 화학반응이 일어납니다. 봄이 되어 새로운 생명활동을 시작한 나무들이 땅 속 뿌리에서 물을 빨아들여 줄기를 거쳐 잎에서 증산작용을 하는데, 그 중간과정에 있는 수액을 일부 덜어내는(가로채는) 것이 바로 우리가 마시는 고로쇠 수액인 것입니다. 수액이란 모든 나무에 다 흐르지만 특히 고로쇠나무를 비롯한 단풍나무 집안의 수액이 양이 많고 달지요. 캐나다 국기에 나오는 잎이 있는데 이 역시 단풍나무 집안인 설탕단풍입니다. 그 나라를 여행하면 흔히 파는 메이

플 시럽이란 것도 바로 이 수액을 졸여 만든 천연 당분입니다.

수액은 연중 내내 흐르지만 경칩을 전후로 한 초봄에만 채취할 수 있는 까닭은 이 시기에 밤과 낮의 기온차이가 크기 때문입니다. 밤이 되어 기온이 내려가면 땅 속 뿌리들은 수분을 흡수해 줄기를 채우고, 다시 낮이 되어 기온이 올라가면 도관이 팽창하며 밖으로 배출하는 수액의 압력이 세져 작은 구멍을 통해 쉽게 흘러나오기 때문입니다.

사실 산에 갔다가 링거주사를 꽂고 있는 환자들처럼 나무에 주렁주렁 매달린 수액 채취통을 보면 마음이 짠해집니다. 그래서 이 일이 나무에 해롭지 않을까 걱정도 됩니다. 하지만 관련 연구자들이 이 문제로 실험을 해보니 지나치지만 않다면 무해하다는 결과가 나왔죠. 이에 따라 관청에서는 나무의 지름 30㎝를 기준으로 그 미만은 1개, 그 이상은 2개로 구멍을 제한해 수액 채취 허가를 내주고 있습니다. 대신 어린 나무는 손을 대지 못하게 했습니다. 사과나무에서 열매를 따듯, 고무나무에서 수액을 채취하듯, 쇠고기를 먹기 위해 가축을 키우듯 우리는 나무가 주는 잉여의 선물을 받아 쓸 수 있는 것이겠지요. 한 나무에서 매년 수만 원의 소득이 나오고 보니, 일부 지방에선 논에 벼를 키우듯, 산에 이 나무를 심어 키우는 일도 생기고 있습니다.

문제는 늘 그렇듯 지나치게 욕심을 부리는 사람들이 있다는 것입니다. 한두 해 소득만을 생각해 나무가 감당할 수 있는 양보다 지나치게 채취해 결국 나무를 쇠약하게 하거나 구멍을 뚫었던 곳을 방치해 병균이 침입하게 만드는 것이죠. 이런 모습을 보면 마치 매일 하나씩 낳던 황금 알을 한꺼번에 얻으려고 거위를 죽이고 만 욕심쟁이 주인이 생각납니다.

 2003년 3월 31일

벚꽃 필 무렵

꽃이 활짝 핀 털벚나무

벚나무는 기온보다 낮밤 길이로 꽃피는 시기를 감지해

벚꽃소식이 들려오기 시작했습니다. 남쪽에서부터 천천히 북으로 올라오고 있으니 서울 거리에서 그 눈부신 개화와 장렬한 낙화를 구경할 수 있는 날도 얼마 남지 않았습니다. 눈을 뜨면 온통 전쟁 소식이고 힘의 논리가 온 지구를 덮어 버렸지만, 때가 되었음을 알아 싹을 틔우고 꽃을 피워내는 자연의 이치는 거스를 수 없는 모양입니다.

벚나무들을 보면 왠지 마음 한구석에서 불편한 기분이 듭니다. 이

제 우리 거리의 벚나무들은 대부분 우리 손으로, 우리를 위해 심은 것입니다. 하지만 일제가 우리 왕조를 조롱하기 위해 '창경궁'을 '창경원'으로 비하해 그 안에 동물원을 만들고 일본을 연상시키는 벚나무를 가득 심어 벚꽃놀이를 즐기게 했다는 사실이, 창경궁이 복원된 지금도 가슴속 깊이 남아 있습니다.

그런데 중요한 사실은 일본이 자랑하는 그 꽃나무는 여러 종류의 벚나무 중에서 특히 꽃이 탐스러운 '왕벚나무'이며 이 나무의 자생지는 전 세계적으로 일본이 아닌 우리나라의 제주도 한라산 기슭이라는 사실입니다. 우리나라에는 왕벚나무 외에도 산벚나무, 올벚나무 등 십여 가지가 산에 절로 자랍니다.

그러나 이런 얘기보다 오늘 제가 말하고 싶은 것은 '도대체 벚나무는 꽃이 필 때가 됐음을 어떻게 알았을까' 하는 점입니다. 우리는 매일 달력을 보고, 일기예보를 들으면서도 따사로운 봄볕의 유혹에 못 이겨 하늘하늘 얇게 입고 집을 나섰다가 감기를 달고 들어오기가 십중팔구인데 말입니다.

식물들이 때를 감지하는 것은 기온보다는 낮과 밤의 길이를 인식해서입니다. 농사를 짓거나 나무를 가꾸는 사람들이 양력보다 음력의 주기에 맞추는 것도 같은 이유입니다.

보통 봄에 꽃을 피우는 식물들은 낮 시간이 길어짐을 느끼고 움직이기 시작합니다. 기온은 꽃이 피는 속도에 영향을 주는 것이지 계절을 바꿀 수는 없습니다. 반대로 여름이나 가을에 피는 꽃들은 낮 시간이 보통 12시간보다 짧아지고, 결정적으로 일정한 기간의 밤(암흑)이 인지되면 꽃을 맺기 시작합니다.

왕벚나무 꽃

물론 다른 경우도 있습니다. 식물내 시스템은 아직 명확하지 않지만 밝을 때 이산화탄소와 관련된 어떤 물질이 만들어지고 어두운 기간 동안 다른 물질로 변화한 후 잎에서 눈으로 전달되어 꽃을 맺도록 유도하는 물질이 된다는 것입니다.

 벚나무는 그렇게 핀 꽃이 질 때가 일품입니다. 아직 신선한 연분홍 꽃잎이 하나하나 흩날려 내려오는 모습 말입니다. 혹자는 그 모습이 일본인의 정신을 나타낸다고 말하지만, 그런 시각에 매몰돼 우리 벚나무의 제 모습을 볼 수도, 알 수도 없다면 그것은 정말 억울한 일이 아닐까 싶습니다.

 광릉 숲에서 일하며 살아가는 사람들은 꽃잎이 흩날리는 벚나무 아래 모여 앉아 낙화주를 마십니다. 나무를 심는 사람들이 가장 바쁜 기간을 보내고 난 후, 고단해진 몸과 마음을 꽃나무와 더불어 그렇게 위로하는 것이지요.

 봄에 꽃을 피우는 식물들은 대개 낮이 길어짐을 느끼고 꽃을 피우기 위한 활발한 움직임을 시작합니다.

2003년 4월 7일

나무심기, 늦추지 마세요

자작나무 숲

잎이 무성해지는 4월 중순 이후엔 신진대사에 문제

어제, 그제 황금 같은 연휴에 나무는 한 그루 심으셨나요? 만일 '아직도'라면 서두르세요. 나무심기 좋은 날들이 그리 많이 남지 않았으니 말입니다. 물론 저도 전나무 몇 그루를 심었습니다. 아마 저보다 훨씬 오래 살며 세상을 위해 의미 있는 일을 많이 하리라고 봅니다.

그런데 나무 심기에도 때가 있느냐고요? 물론입니다. 어느 곳에 어떤 나무를 심느냐에 따라 조금씩 차이가 있지만, 이른 봄 얼었던 땅이 녹고 나무의 겨울눈이 터서 잎이 나기 전에 심는 것이 좋습니다. 남쪽이라면 3월 중순엔 시작해야 하고 중부지방이라면 4월 중순까지가 적당합니다.

　식목일이 지나 나무에 싹이 터 잎이 무성해지면 나무를 심기에 적당하지 않은 이유는 무엇일까요? 날씨가 더워지고 잎이 왕성해지면 잎을 통해 증산작용이 활발하게 일어나기 때문입니다. 뿌리가 아직 새로운 땅에 정착하지 못해 원활한 수분 공급이 이뤄지지 않는데도 잎을 통해 수분이 빠져나가 버리니 양분을 만들어야 할 잎은 쳐지고 늘어져 심하면 다시 활력을 되찾을 수 없게 됩니다. 흔히 아주 큰 나무를 옮겨 심어야 하는 경우 나뭇가지를 많이 잘라 주고 가능하면 해가 뜨거운 낮 시간을 피하여 아침이나 저녁에 운반하는 이유도 같습니다.

　나무를 심으셨다면 잘 심으셨나요? 우선 나무를 심을 때에는 심을 장소를 잘 골라야 합니다. 특히 땅이 물은 제대로 빠지는지를 확인하셔야 합니다. 잘 심어놓은 나무가 잘 살지 않을 때 원인을 찾아보면 물이 고이는 경우가 많습니다. 예전에 소개해 드린 낙우송과 같이 기근이라는 특별한 기관이 있는 종류라면 모를까 뿌리가 아무리 물을 좋아하고 빨아들여도 고인 물에 잠기면 숨쉬기를 할 수 없어 썩고 말지요.

　사실 심어 놓은 나무가 잘 살지 않은 이유는 생각보다 어이없거나 한심한 경우가 많습니다. 땅속에서 벌어진 문제라서 발견을 잘 못할 뿐입니다. 물이 고인 곳이 아니더라도 나무 심을 때 묘목을 싸놓은 비닐을 풀지 않아 뿌리가 몇 년 동안 뻗지 못했던 경우도 있고, 예민한

조림한 전나무

뿌리 부근에 더러운 폐기물이 묻혀 있는 경우도 있지요.

나무를 심을 땐 뿌리보다 조금 넉넉히 땅을 판 후 겉흙과 속흙을 따로 모아놓고 돌, 낙엽 등을 가려냅니다. 다음에 나무의 뿌리를 잘 펴서 곧게 세우고 겉흙부터 구덩이의 3분의 2가 되게 채운 후, 흙이 골고루 들어가도록 묘목을 살며시 위로 잡아당기면서 성의껏 밟아줍니다. 그러지 않으면 뿌리와 흙 사이에 공간이 생겨 뿌리가 마르거나 땅에 정착을 하지 못하게 됩니다. 흙을 주변 땅보다 약간 높게 만들고 물을 듬뿍 주는 일도 잊지 마셔야지요.

나무를 심는 곳에 마음도 함께 심으셨다면 나무는 잘 자랄 것입니다. 이번에 심은 나무의 이름이랑 키를 기억해 두십시오. 11월 첫 주 토요일, 나무와 숲을 가꾸는 날 다시 찾아가 얼마나 컸는지, 어떤 잎을 달고 어떤 모습으로 사는지, 한번 찾아가보면 얼마나 대견할까요.

2003년 4월 14일

'씨앗 생명' 깨우는 물

갈참나무의 새싹

씨앗 속의 물의 양이 12% 정도 되면 싹터

나무를 심고 나니 비가 내렸습니다. 얼마나 반가운지···. 이즈음 이곳 저곳에 심은 씨앗이나 나무나 풀의 모종은 단비를 흠뻑 받고 뿌리를 잘 내릴 것입니다. 사실 식물은 물이 없다면 아무 일도 할 수 없습니다. 물은 식물체를 구성하는 성분임은 물론 양분의 이동, 심지어 양분을 만드는 체내의 화학반응에도 필요하니까요. 그런 의미에선 사람과 같습니다.

씨앗을 보면 물이 얼마나 중요한지 알 수 있습니다. 말라 있던 씨앗에 물이 공급되면 그때부터 생명체의 성장이 시작됩니다. 물 분자가 씨앗의 껍질을 통과해 생명을 깨우는 것이죠. 씨앗 내부 물의 양은 보통 8% 정도인데 12% 정도가 되면 발아해 싹이 내밀고 올라옵니다. 공기 중에는 씨앗이 죽지 않고 호흡할 수 있을 정도의 물이 있으므로 씨앗은 숨을 죽이며 새 봄을 기다려왔지요.

씨앗마다 수명이 다릅니다. 오래 묵은 씨앗이 발아하지 못하는 이유는 습기가 많아지는 등 부적절한 조건으로 저장했던 에너지를 모두 써버렸기 때문입니다. 그래서 껍질이 딱딱하거나 건조하고 낮은 온도에 보관해야 씨앗의 수명이 길어집니다.

제가 일하는 광릉 숲에는 아름다운 목조건물이 완성돼 가고 있습니다. 식물연구의 기초적인 연구 자료가 되도록 채집한 죽은 식물을 완전히 말려 시간적 공간적 기록을 해두는 '생물표본관'과, 살아 있는 씨앗 형태로 아주 오랫동안 보존이 필요할 때 언제나 싹 틔울 수 있도록 식물자원을 모으는 '종자은행'이 들어설 곳이죠.

그런데 씨앗을 심었을 때 위아래 구별하지 않고 그냥 뿌렸는데 어떻게 싹이 자라고, 줄기는 위로 뿌리는 아래로 자라는 것일까요? 다시말해 위아래를 어떻게 아는 것일까요? 줄기는 위로 자라 빨리 땅 위로 올라가야 햇빛을 받아 광합성을 할 수 있다는 것, 또 뿌리는 땅 아래로 물을 찾아 내려가야 한다는 것을 씨앗은 도대체 어떻게 알았을까요.

솔방울과 솔씨

바로 중력 때문이지요. 자라기 시작한 식물의 위치를 바꿔도 이내 뿌리와 줄기는 각기 가야 할 방향을 바로잡고 찾아가는데 이를 '굴지성(屈地性)'이라고 합니다.(예전에 생물 시간에 배운 기억이 어렴풋이 나실지도 모르겠습니다.) 물론 줄기가 땅 위로 일단 올라가면 햇빛이 가장 큰 영향력을 발휘하지만, 깜깜한 콩나물 시루에서도 노란 콩나물이 위로 자라 올라오는 모습을 생각하시면 이해가 더욱 쉽겠지요.

이 봄에 나무나 풀의 씨앗을 심었다면 이제는 자라 올라오는 새싹과 부지런한 뿌리의 모습을 들여다보십시오. 자연의 모습을 엿본다는 거창한 명분이 아니더라도 잠시 일상에서 벗어나 얻을 수 있는 고운 초록색 기쁨이 될 것입니다.

 말라있던 씨앗에 물이 공급되면 그때부터 생명체의 성장이 시작됩니다. 물 분자가 씨앗의 껍질을 통과해 생명을 깨우는 것이지요.

2003년 4월 21일

뿌리 솜털의 저력

태풍으로 뿌리 뽑혀 넘어진 나무

호밀 뿌리털 표면적은 테니스 코트 2개 넓이

하루하루가 달라집니다. 봄의 때깔이 말입니다. 광릉 숲에는 봄이 더디 오다 보니 목련이며 벚나무들의 화사함이 남아 있습니다. 하지만 언제나 저를 경이롭게 하는 것은 멀리 바라보이는 산의 빛입니다. 어제와 또 다른 오늘의 그 빛깔은 다채로우면서도 화려하지 않고 싱그러우면서도 부드러워 짧은 말로는 표현할 수 없습니다.

그런데 요즘 나무를 바라보며 생각하고 감동하는 것은 땅 위의 변화뿐 아닙니다. 오히려 땅속에서 진행되는 일에 생각이 미치면 더욱 가슴이 뭉클해집니다. 사람들이 좋아하는 말 가운데는 '뿌리깊은 나무'가 있습니다. 또 사람이나 사물이나 이론이나 깊이 들어가 근본을 논의하고자 할 때는 모두 '뿌리' 이야기를 합니다.

나무에게 있어서 뿌리란 몸체를 지탱하고 지지하는 역할을 해주는 존재입니다. 뿌리로 인해 나무들은 현재 그 모습으로 서 있게 되지요 (식물에 따라서는 붙어 있기도 하고 떠있기도 합니다만). 땅속을 들여다보면 나무의 수관(樹冠)만큼이나 커다란 나무뿌리들이 이 땅에 든든한 근거를 내리고 서 있습니다.

그런데 이렇게 굵고 튼튼하며 검고 단단한 이미지를 가지고 있는 나무뿌리지만 그 끝은 아주 섬세한 뿌리털과 생장점, 그리고 이를 덮어 보호하는 뿌리골무로 이루어져 있습니다. 간혹 커다란 암벽 틈새에 뿌리를 박고 살아가는 강인한 소나무를 봅니다만, 그 뿌리도 처음엔 아주 여리고 가는 뿌리 끝이 바위틈 어딘가에 나 있는 섬세한 틈새를 찾아내 들어가는 일로 시작해 점차 길고 굵어진 것입니다. 뿌리가 아주 빨리 자라는 경우는 시간당 1mm, 그러니까 하루에 2~3cm나 자랍니다.

정말 놀라운 뿌리의 저력은 새로 난 뿌리들의 표면에 덮여 있는, 우리가 흔히 뿌리털이라고 부르는 하얀 솜털에 있습니다. 지난 편지에서 식물에게도 물은 생명이라고 말씀드렸는데 바로 물에 섞인 무기물이 이 뿌리털을 통해 들어옵니다. 왜 가늘고 여린 뿌리털을 많이 달고 있는 것일까요? 보다 효과적으로 물을 흡수하려면 땅과 접하는 면적이 넓어야 하기 때문이죠.

그러면 뿌리털의 표면적은 얼마나 될까요? 호밀 뿌리로 실험을 한 결과가 있는데 5ℓ 정도의 부피를 차지하는 뿌리에 달리는 뿌리털의 표면적을 계산해 보니 테니스 코트 2개에 깔아놓을 만큼이라고 하고, 또 어떤 식물의 뿌리에서 하루 동안 자라는 뿌리털의 길이를 모두 더할 경우 9km에 달한다고 하니 정말 놀랍습니다.

보리의 새싹과 뿌리털

이렇게 효율적으로 흡수된 물은 물관을 통해 올라갑니다. 식물에 따라, 물관의 굵기에 따라 그 상승속도가 모두 다른데, 열대지방에서 자라는 칡의 일종인 식물의 경우 시속 100km를 훨씬 넘는다고 합니다.

큰 그늘을 가진 뿌리 깊은 나무의 삶도 마치 솜털같이 가늘고 여린 뿌리털에서 시작하는 것이고 보면 우리 삶도 마찬가지 아닐까요. 세월은 흘러도 감각만큼은 섬세하게 살려놓고 싶습니다.

 정말 놀라운 뿌리의 저력은 새로 난 뿌리들의 표면에 덮여 있는, 우리가 흔히 뿌리털이라고 부르는 하얀 솜털에 있습니다.

2003년 4월 22일

영리한 난초

광릉요강꽃 군락

암벌과 닮은 꽃잎 모양과 향기로 수벌을 유인해 꽃씨 퍼뜨려

지천에 꽃이 가득합니다. 봄이 시작할 즈음에 주춤주춤 피어나던 작고 수줍던 꽃들이 어느 순간 마치 폭발하듯이 꽃잎을 부풀려 올립니다. 꽃의 향연은 가을이 되도록, 또 겨울까지 이어질 것이지만 이 계절은 꽃들의 축제라고 말해도 무색치 않을 만큼 대단합니다. 더구나 이번 주에는 몇 년에 한번도 듣기 어려운 식물원의 개원 소식이 두 곳에서 들려오고, 꽃박람회니 꽃잔치니 하는 크고 작은 꽃 페스티벌이

도처에서 열립니다. 1년 중 꽃을 가장 강하게 느낄 수 있는 시절인가 봅니다.

　세상엔 정말 많은 종류의 꽃이 있습니다. 화려한 꽃에 익숙한 사람에게는 꽃이라는 생각이 전혀 들지 않는 은행나무나 소나무 꽃에서부터 모든 사람의 사랑을 받는 튤립이나 장미, 새를 닮은 극락조화…. 이렇게 많은 식물의 꽃 중에서 난초과에 속하는 식물이 가장 진화했다고 합니다. 진화의 방향이야 복잡해질 수도 단순해질 수도 있지만, 난초과 식물이 진화된 식물이라는 것에는 학자들 사이에 아무런 이견이 없습니다.

　난초과 식물이라고 하면 우리가 흔히 춘란이라고 부르는 보춘화와 품격이 고고한 한란이 있고, 화려하기 이를 데 없는 서양의 난초(양란이라고 부릅니다)도 있습니다. 우리 땅에 자라는 난초과 식물 중에도 알고 보면 자줏빛 도는 갈색 꽃이 아름다운 새우난초, 노란색이 화려한 금새우난, 한 마리의 흰 새가 날아가는 듯한 해오라비난초 등 특별한 모습의 식물이 얼마든지 있습니다. 난초과 식물의 꽃은 모두 상하는 다르지만 좌우 모양은 똑같습니다. 또 가운데에 순판(脣瓣)이라는 꽃잎이, 뒷면에는 길쭉한 꽃주머니가 있는 것도 공통점입니다. 하지만 기본 구성은 이처럼 비슷해도 실제 모습은 참으로 다양합니다.

해오라비난초(위)
금새우난(아래)의 꽃

　이런 난초과 식물들이 특별한 모습으로 곤충을

보춘화 꽃

유혹하고 심지어 속임수까지 써 가면서 어쩌면 지극히 이기적으로 살아갑니다. 대부분 식물은 달콤한 꿀과 꽃가루를 만들어내 곤충을 부르는데 난초는 절반 정도만 이 방식을 채택합니다. 어떤 난초는 특별한 향기로 곤충을 유인하고, 심지어 어떤 난초는 꿀이 많은 다른 난초와 똑같은 모양으로 꾸미고 순진한 곤충들이 날아와 꿀을 찾는 과정에서 꽃가루받이를 이루어내는 경우도 있습니다. 더욱 지능적인 속임수도 있습니다. 꽃잎 모양을 암벌의 모습과 아주 비슷하게 만들어서 어수룩한 수벌이 찾아오도록 하는 종류도 있습니다. 더욱 교활한 것은 꽃잎의 생김은 물론 촉감, 심지어 향기까지도 암벌의 체취를 모방한다고 합니다.

　난초과 식물들은 꽃가루를 미세한 가루 대신 끈끈한 덩어리로 만들어 곤충에 들러붙게 합니다. 꽃가루가 바람에 흩날려 중간에 손실되는 일 없이 다른 꽃의 암술머리에 안전하게 얹혀지도록 하기 위해서죠. 이렇게 되면 한 씨방에서 씨앗이 될 수 있는 밑씨가 대부분 꽃가루를 만나 씨앗을 만들게 됩니다. 그래서 어떤 난초는 한 개의 씨방에 300만 개 정도의 씨앗이 담겨 있습니다. 이 정도면 욕심도 지나치지요.

　아주 영리하고 약삭빠른 난초를 바라보니 요즘처럼 어려운 세상에 영합해 잘 살아가는 사람들의 모습과 참 닮았습니다. 그래서 더욱 기교를 부리지 않고 미련하게 온 지상에 꽃가루를 잔뜩 날려 보내어 암술과 만날 우연을 기다리는 참나무 꽃들의 단순함과 우직함이 마음에 남습니다.

2003년 5월 5일

크고 별난 라플레시아

라플레시아

기생식물로 큰 것은 꽃 지름이 1m이고 무게가 1kg이상이나 돼

사람들은 무엇이든 특별한 것에 더 많은 관심을 갖습니다. 요즘은 웬만한 자극으로는 사람들이 거의 감동을 받지 않습니다. 눈길을 끌려면 최대, 최초, 최고 등의 수식어 중 하나 정도는 달고 있어야 합니다. 지금 성황리에 열리고 있는 한 박람회에서 세계에서 가장 큰 꽃이 선보여 화제입니다. 동남아시아의 정글에서 살고 있는 라플레시아라는 꽃입니다.

이 꽃은 정말 크고 특별합니다. 우선 제가 식물을 지칭할 때는 꼭 '식물'이라고 말하고 꽃은 그 식물에 생기는 생식기관이므로 이를 잘 구분해야 한다고 항상 얘기해왔는데 이 경우엔 식물이 곧 꽃이라고 말해도 과히 어긋나지 않습니다. 왜냐하면 줄기도 잎도 없이 그냥 꽃이 턱하니 피어나니 말입니다. 실제로는 꽃 밑에 포도 있고, 영양을 공급할 수 있는 기관도 있지만 눈에 잘 들어오진 않습니다.

어떻게 그럴 수 있을까요? 라플레시아는 기생식물로 기주식물에게 전적으로 양분을 의존하고 있으니 광합성을 할 잎이 필요 없습니다. 다만 실 같은 세포성 섬유들이 잘 발달하여 기주식물의 형성층에 효과적으로 침투하면 되니까 말입니다.

이렇게 피어나는 꽃은 정말 큽니다. 라플레시아라는 이름은 한 종(種)의 이름이 아니라 이러한 특성을 가진 십여 종류의 식물을 통틀어 부르는 속명입니다. 종에 따라서는 꽃의 지름이 한두 뼘 정도로 작기도 하지만 큰 것은 1m에 달합니다. 꽃 한 송이 무게가 10kg 이상 되는 것도 많으니 최대라는 말이 전혀 무색치 않습니다.

더 기막힌 것은 이 꽃들이 살아가는 방식입니다. 남의 양분은 가로채더라도 꽃가루받이를 잘 해서 씨앗을 맺어야 또 새로운 꽃을 피울 수 있습니다. 독특한 것은 이를 도와줄 곤충을 유인하는 방법입니다. 꽃에서 아주 지독한, 마치 고기가 썩는 듯한 냄새를 피우는데 그 이유는 매개곤충이 바로 파리이기 때문입니다. 그래서 이 식물이 사는 곳에서는 '시체꽃'이라는 별명으로도 부른답니다. 꽃색깔(이것도 꽃잎이 아닌 꽃받침입니다)도 암갈색에 얼룩진 모양이니 정말 이래저래 튀는 꽃입니다.

기생식물이므로 이 식물만 키울 수는 없습니다. 기주식물을 함께 옮겨와야지요. 기주식물 줄기 속에서 만들어진 꽃눈이 때가 되면 둥근 모양을 하고(이때 모양은 양배추 같다고 표현합니다.) 뚫고 나옵니다. 씨앗에서 둥

라플레시아의 꽃봉오리

근 눈이 만들어져 밖으로 나오기까지는 1~2년 소요되고, 여기서 다시 한 달 정도 걸려 더디게 꽃이 피고 결실하곤 이내 죽습니다. 그래서 세계적인 희귀식물이기도 합니다.

사람이나 식물이나 튀는 것이 대접받는 시대이지만 전 아무래도 이 봄에 우리 산과 들에 피어나는 소박한 냉이며 꽃다지에 자꾸 마음이 가는 것은 어쩔 수가 없네요. 한 가지 재미난 것은 한동안 온 나라의 어린이들을 흥분시켰던 포켓 몬스터에도 이 꽃이 나옵니다. 뚜벅초에서 냄새꼬를 거쳐 라플레시아로 진화하는 풀 포켓몬입니다. 이들이 진화하는 과정과 무기를 보면 식물의 특성이 잘 들어 있어 감탄했습니다.

아이들이 좋아하는 장난감을 가지고 함께 놀면서 자연과학과 놀이를 재미있게 즐길 수 있다면 멋진 부모가 틀림없습니다. 어린이날을 보내며 덧붙여본 생각입니다.

 라플레시아는 꽃에서 마치 고기가 썩는 것 같은 지독한 냄새를 피우는데 그 이유는 매개곤충이 바로 파리이기 때문입니다.

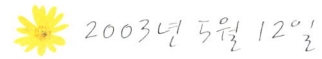
2003년 5월 12일

성 전환하는 천남성

천남성과의 식물인 섬남성

암꽃으로 열매 맺은 후 이듬해엔 힘 비축 위해 성을 바꿔 수꽃만 피워

요즘 숲에는 천남성이 한창 피어나기 시작합니다. 이름이 참 독특하지요. 이 식물 이름을 처음 들었을 때 '첫 남성'으로 잘못 알아듣고 첫사랑 연인과 관련된 얘깃거리가 있을 것으로 지레 짐작했습니다. 물론 생김새도 궁금했고요.

천남성은 그 꽃이나 열매, 잎까지도 다른 식물은 흉내도 내지 못할 독특한 생김새라서 처음 본 순간 '이런 식물도 있구나'라고 크게 감탄합니다. 하지만 이름이 첫 남자와 상관없는 '천남성(天南星)'이라는 사실을 알고 남몰래 즐기던 상상의 나래가 꺾이는 바람에 다소 김 빠졌던 스무 살 시절이 생각납니다.

천남성이 다시 관심을 끈 것은 독성 때문입니다. 특히 열매는 울긋불긋한 옥수수 알처럼 생겨 먹음직스러운데 독성이 아주 강해 생명을 위협할 수도 있습니다. 간혹 섬 지방에 가면 염소 때문에 풀이 큰 해를 입고 있는데 유독 천남성만 무성한 경우를 볼 수 있습니다. 염소들도 이 풀의 독이 얼마나 치명적인지 알기에 먹지 않는 것이지요.

그러나 한방에서는 귀한 약재로 쓰이기도 합니다. 그래서 같은 풀도 잘 쓰면 약이고 잘못 쓰면 독이라는 말을 실감했습니다. 아무튼 우리 같은 보통 사람은 함부로 만지면 안 됩니다. 무심히 잎을 따기만 해도 가렵고 물집이 생기니까요.

그런데 정작 재미난 것은 이 식물이 살아가는 방식입니다. 천남성 꽃은 녹색빛이 도는 원통 모양에 모자처럼 챙이 달려 있습니다. 우리가 꽃잎이라고 생각하기 쉬운 이 겉부분은 꽃차례를 싸고 있는 포(苞)이며 꽃은 그 속에 들어 있지요. 암꽃과 수꽃이 따로 말입니다. 사람은 XY염색체가 있어서 성(性)을 결정하며 은행나무 같은 일부 식물도 처음부터 암나무와 수나무가 결정된 채 자랍니다. 그러나 그렇지 않은 경우가 더 많으며 아직 어떤 과정을 거쳐 암수가 결정되는지 밝혀내지 못한 부분이 많답니다.

큰천남성 열매가 붉게 익어가는 모습

천남성은 그 중에서도 아주 독특한 방

천남성의 포 아래 부분을 잘라 속이 보이도록 한 모습

식을 채택합니다. 식물체가 작을 때에는 자주색 꽃밥이 있는 수꽃이 주로 달리지만, 커지면 암꽃들이 모인 암꽃차례를 만들며 성을 바꿉니다. 더욱 흥미로운 것은 한번 암꽃으로 달려 열매를 잘 맺고 나면 이듬해에는 꽃을 피우지 않거나 아니면 다시 성을 전환해 수꽃만 피운다는 것이지요.

왜 이렇게 복잡하고 다양한 체계를 가지는 것일까? 어려운 세상에 스스로 최선을 다해 적응하며 생존하기 위한 방편이지요. 식물 입장에서 에너지를 가장 많이 소모하는 것은 결실입니다. 식물 스스로 튼튼하고 영양상태가 좋을 때 암꽃이 돼 알차고 좋은 씨앗을 맺고, 이렇게 온힘을 다하여 후손을 만들어 내고 나면 스스로 부실해지니 수꽃이 되어 다시 때를 기다리는 것입니다.

옛 어른들은 호박을 심을 때 호박 구덩이에 뒷간에서 삭은 인분을 넉넉히 함께 묻으며 암꽃이 많이 피어 호박이 많이 달리도록 했지요. 이것은 무지가 아니라 놀라운 과학이라는 것을 이제 잘 알 것 같습니다.

 천남성은 식물체가 작을 때에는 자주색 꽃밥이 있는 수꽃이 주로 달리지만, 커지면 암꽃들이 모인 암꽃차례를 만들며 성을 바꿉니다.

2003년 5월 19일

천덕꾸러기로 오해받는 아까시나무

아까시나무

벌거숭이 땅 응급복구용으로 심었던 아까시나무에 대한 몇 가지 오해

며칠 전이었습니다. 광릉 숲에 있는 연구실 일을 조금 늦게 마치고, 퇴근길 정체를 헤치며 서울 도심의 한 건물에 가서 한두 시간 정도 책을 검토하고 보니 밤 11시가 훌쩍 넘었더군요. 하루 종일 바쁘게 종종거리며 지낸데다 시간이 없어 차에서 김밥 한 줄로 때우고 난 터라 몸과 마음이 많이 지쳤습니다.

육중하게만 느껴지는 그 건물의 유리문을 열고 나오는 순간, 어디에선가 흘러오는 향기가 느껴졌습니다. 바로 아까시나무 꽃 향기였습니다. 다른 잡다한 일에 시야를 빼앗기지 않는 밤에, 문득 스쳐가는 달콤하면서도 청량한 내음으로 전하는 그 꽃의 위로가 너무 고마워 하마터면 울컥 눈물을 쏟을 뻔했습니다.

아까시나무는 많은 사람들이 미워하기도 하고 좋아하기도 하는 애증어린 나무이지만 적어도 저는 그 순간 '한 나무가 가진 미덕이 이 정도면 충분하지 않을까' 라는 생각을 했습니다.

제가 왜 아카시아를 아까시나무라고 하는지 의아해 할 터이니 우선 이것부터 설명해야겠습니다. 우리가 '아카시아(acacia)' 라고 부르는 나무는 열대지방에 관목상으로 자라는 다른 나무입니다. 아까시나무는 학명에서 '가짜 아카시아' 라는 뜻인데 우리나라로 들어와 진짜 아카시아로 되어 버린 것이지요. 아카시아라는 이름이 주는 세련되면서도 친숙한 느낌으로 이 이름을 버리기는 못내 아깝기는 하지만 그래도 틀린 것은 틀린 것입니다. 본래 이 이름의 주인은 따로 있으니 아까시나무로 해야 맞습니다. 식물 이름은, 특히 세계가 공통으로 쓰는 라틴어 학명은 마음대로 바꿀 수 없습니다. 식물이름의 혼란을 줄이기 위해 '국제식물명명규약' 이란 것이 있어 선취권을 엄격하게 따져 이름을 부여하기 때문입니다.

사랑받기보다는 좀더 많은 미움을 받는 아까시나무. 하지만 이 나무가 살아가는 방법을 엿보며 조금씩 이해하다보면 오히려 미안할 사람은 바로 우리가 아닐까 싶습니다. 아까시나무가 눈총 받는 가장 큰 이유는 좋은 우리 땅을 버린다는 것이지요. 하지만 아까시나무는 일제시대 때 산을 수탈하느라 소나무를 마구 베는 바람에 산사태가 우려되는 땅에 응급복구용으로 들여와 심은 것이지, 이 나무 스스로 우리 땅을 나쁘게 한 것이 아닙니다.

오히려 해방이 되고도 한동안 연료 부족을 해결하기 위해, 빨리 키워 땔감으로 쓰도록 식수를 권장하기도 했습니다. 게다가 콩과 식물인 이 나무는 공중의 질소를 고정해 땅을 비옥하게 할 수도 있으니 이 나무 입장에서는 억울하지요. 그저 시기를 잘못 만났을 뿐이지요.

맹아가 무성하게 자란 아까시나무

아까시나무가 있는 숲은 나쁜 숲이라는 얘기도 그렇습니다. 좋은 숲과 나쁜 숲을 딱 잘라 구분하는 것도 어렵지만 일단 우리나라 고유의 나무들이 우거져 살아가는 숲을 좋은 숲이라고 말한다면 아까시나무는 이런 숲에 들어가 살 수 없습니다. 이 나무는 자라는데 햇볕이 많이 필요하기 때문에 그늘 속에서 군락을 만들지는 못합니다. 언젠가 숲의 천이를 설명하면서 이 원리를 설명했지요. 그러니 나쁜 숲이라는 것도 역시 우리들에게 일차적인 책임이 있지, 아까시나무 탓은 아닌 듯합니다.

다음 주엔 아까시나무의 무서운 가시와 더없이 달콤한 꿀 이야기를 좀더 할까 합니다. 그 전에 문밖으로 나가서 아까시나무 향기와 조우해 5월의 기운을 한껏 느껴보기를 권합니다.

2003년 5월 26일

아까시나무의 꿀과 가시

아까시나무 꽃

번식 도와주는 벌에게 꿀로 보답, 잎 탐내는 짐승에게 가시로 방어

지난주에 이어 또 아까시나무 이야기를 하니 제가 이 나무에 특별한 사연이나 애정이 있는 것으로 생각하실 수도 있지만 그렇지는 않습니다. 사실 좋은 나무, 싫은 나무를 가리기 힘들 정도로 나무는 제각기 다른 개성과 아름다움이 있습니다. 그래도 개인적인 취향이 있는지라 구태여 우선 순위를 두라면 아까시나무는 한참 뒤로 밀렸을 것입니다.

그럼에도 불구하고 이 나무 이야기를 자꾸 꺼내는 이유는 이 나무가 그릇된 선입견과 오해 때문에 많은 장점에도 불구하고 억울하게 미움 받고 있는 것이 안타까워서입니다. 이즈음 도시 밖으로 조금만 나가도 지천으로 피어 있는 아까시나무가 시야를 가리니 이 같은 안타까움이 더합니다.

아까시나무 열매

아까시나무의 혜택을 가장 많이 보는 분은 양봉을 하는 분들이 아닐까 싶습니다. 지금도 우리나라가 세계에서 꿀이 가장 비싼 나라 가운데 하나라고 하는데 만일 이 나무가 없었다면…. 어떤 분의 이야기를 들으니 잘 자란 아까시나무 한 그루에서 따는 꿀의 가치가 20만원이 넘는다고 합니다. 설사 그보다 가치가 적더라도 매년 꿀을 얻을 수 있으니, 내 주머니에 돈이 들어오지 않는다 해도 참으로 대단하다는 생각이 들더군요.

물론 이 꿀은 사람을 위해서가 아니라 곤충 특히 꿀벌을 위해서 만들어 냅니다. 제가 대학원에 입학해 처음으로 한 조사가 바로 아까시나무 꿀의 분비가 시간적으로 어떤 차이가 나는지를 조사한 것이었습니다.

낮밤을 가리지 않고 일정하게 나무를 찾아가 꿀을 추출하는데, 꿀벌의 활동시간과 꿀의 분비량이 일치하더군요. 한 나무에서 꽃과 잎의 양을 비교해 보기도 하였습니다. 꽃이 더 많더군요. 다른 나라에서 들어와 척박한 자리에 잘 자리잡고 살려니 결실을 도와줄 꿀벌에게 이 정도의 물량공세를 하는구나 싶었습니다.

이 나무를 끔찍이 싫어하는 분은 아무리 잘라도 극성스럽게 자라는 줄기(맹아지라고 합니다)와 그 줄기에 붙은 무성한 가시 때문에 싫어한다고 말합니다. 하지만 알고 보면 이도 역시 나무가 생명의 위협을 느껴 만들어낸 것입니다. 자르지 않고 잘 키운 이 나무를 보신 적이 있나요?

곁가지 없이 쭉 뻗어 올라가며 크지요. 사람들이 베어버리려고 하니 이 나무는 살아남으려고 더 많은 가지를 만드는 것입니다. 어린 가지의 잎은 영양가도 많고 맛있어 산짐승이 탐내니 이 역시 스스로를 방어하려는 것이지요. 어른들은 어린 시절에 토끼를 주려고 잎 따던 기억이 있으실 것입니다.

혹 선조의 묘소로 이 나무의 뿌리가 쳐들어왔다고 해서 나무를 잘라 보아야 소용없습니다. 살고자 하는 아까시나무 하나를 자르면 훨씬 많은 가지를 만들어 낼 터이니까요. 그보다는 이해를 해보십시오. 아까시나무는 뿌리가 얕게 뻗는 천근성(淺根性) 나무여서 뿌리가 깊이 내려가지 않습니다. 이 나무가 자라는 숲과 묘역 사이에 도랑을 파 놓으면 뿌리가 이를 건너가지 못합니다.

물론 그렇다고 우리 산에 이 나무를 모두 심자는 뜻은 절대 아닙니다. 고려해 볼 필요는 있지요. 헝가리에서는 이 나무에서 일찍 피는 꽃과 늦게 피는 꽃을 개발해 개화기를 연장(그래야 꿀을 오래 많이 따니까요)한다고 하니 괜한 선입견으로 중요한 것을 놓칠 수도 있다는 생각입니다. 이런 일이 아까시나무에게만 있는 것은 아니겠지만요.

이 기회에 아까시나무와 친해지고 싶다면 꽃을 조금 따서(아주 많으니까) 샐러드에 넣거나 잎과 함께 튀겨 먹어보십시오.

봄 숲에 핀 개복수초

여름
2003

식충식물 끈끈이귀개

두 얼굴의 끈끈이주걱

여름, 숲이 시원한 이유

선인장의 생존 지혜

네잎클로버의 진실

순채가 버린 것과 얻은 것

여름숲 요정 산형과 식물

능소화의 꽃가루

못다 이룬 사랑 상사화

물속 식물은 숨 안찰까

꽃잎 닫힌 여름 금강제비꽃

닭의장풀의 비밀

버섯은 식물이 아닙니다

2003년 6월 2일

식충식물 끈끈이귀개

끈끈이귀개

곤충을 먹고 질소 양분 충당하는 우리나라 자생 식충식물

우리나라에서는 희귀한 끈끈이귀개라는 식충식물로 인해 작은 고민이 생겼습니다. 이 식물은 전남 보길도에서만 자란다고 해서 이즈음이면 이 식물을 조사하기 위해 먼 길을 떠나는 식물학자도 있었습니다. 게다가 이 진귀한 식물이 자라는 곳이 그리 오래 보전될 것 같지 않은 벌판의 습지인 까닭에 많은 이들은 이 식물이 행여 이 땅에서 사라질까 전전긍긍했었죠.

그런데 얼마 전 무인도들을 조사하다가 이곳저곳에서 이 식물을 발견했다는 소식이 들려오기 시작했습니다. 얼마나 반갑던지! 적어도 우리가 사는 시대에 사라지는 일은 없을 것 같으니까요.

문제는 그 다음에 생겨났습니다. 여러 곳에서 발견된 것에 한 술 더 떠서 어느 섬의 무덤에 이 식물이 잔뜩 자라자(때문에 지금까지 습지에 산다는 정보가 잘못되었음이 밝혀졌지요) 무덤의 주인이 뽑아버리겠다고 나선 것이지요. 법적으로 보호받는 식물을 함부로 뽑으면 큰일이고 그렇다고 조상 묘를 그대로 둘 수도 없고…. 결국 이 식물을 수목원 등에 옮겨 살리는 방법 등을 고려하고 있는 모양입니다.

그렇다고 이 식물을 왜 보전 대상 식물에 포함시켰느냐고 탓하지는 마십시오. 그렇지 않았다면 많은 이들이 이 식물에 관심을 가지고 조사하려고도 하지 않았을 테이니 시나브로 급감했을 확률도 높지요. 일부 논밭의 잡초가 이제는 희귀식물이 되어 버린 것과 마찬가지로 말입니다. 우리가 그나마 끈끈이귀개의 정보를 모을 수 있게 된 것은 희귀식물 목록에 등재된 덕분이죠.

끈끈이귀개는 식충식물입니다. 사실 이즈음은 네펜더스, 파리지옥 등으로 불리는 식물이 선풍적 인기를 끌고 있지만 막상 우리나라에 자라는 끈끈이주걱, 통발, 땅귀개 등 식충식물은 하나같이 희귀하지요.

왜 하나같이 희귀할까요? 특별하니까요. 식충식물은 작은 곤충이나 진드기, 원생동물을 먹어 자신이 필요한 질소양분을 충당하지요. 녹색식물이 생산자이고 동물이 소비자라는 먹이사슬의 근간을 흔드는 파격적인 식물이지요. 게다가 사는 방식이 다르니 생긴 모습도 낯설고 신기하기만 합니다. 많은 식충식물이 산성 토양을 가진 땅이나 습지에

네펜더스

살지요. 산도가 높은 지역에서는 질소 양분이 부족하고 또 질소가 식물들이 이용하기 어려운 상태로 되어 있어 보통 식물은 살기 어려운 조건이기 때문입니다.

흔히 식물이 먹이를 잡아 흡수하는 포충잎이나 포충낭은 잎이 변화한 것으로 추정합니다. 아주 오래 전 어느 식물의 잎에 움푹 들어간 부분이 생겼는데 비가 내려 그곳에 물이 고였고 여기에 운 나쁜 곤충(곤충들 사이에선 '오죽 못났으면 식물에게 잡아먹히느냐'는 이야기를 들을 법합니다)이 빠졌을 것이라는 거죠. 곤충이 썩으며 나온 양분이 많은 물을 흡수하는 방식으로 생존하는 식물들이 생기면서 점차 포식법이 발달하여 오늘에 이르게 되었다는 것이지요.

이들의 사는 이야기는 다음 주에 하겠습니다. 요즘 식충식물 화분을 하나 놓아두면 집안에 벌레가 없어진다는 얘기를 들었습니다. 벌레를 거의 볼 수 없는 아파트에서는 먹을 것이 없어 일부러 잡아주어야 한다는 이야기도 있지요. 재미삼아 한 포기 가져다 놓고, 아이들과 관찰하며 한 주를 기다려 보는 일도 좋을 듯합니다.

 우리나라에 자생하는 끈끈이귀개, 끈끈이주걱, 통발, 땅귀개 등 식충식물은 하나같이 희귀하지요.

2003년 6월 9일

두 얼굴의 끈끈이주걱

끈끈이주걱

선모에 달린 영롱한 이슬방울로 유인해 곤충을 잡아먹는 식충식물

쉽게 식충식물이라는 한 가지 이름으로 부르지만 곤충을 포식하는 방법과 전략은 제각각 다릅니다. 색이나 무늬, 독특한 냄새로 곤충을 유혹하여 곤충이 찾아오면 갖은 방법을 동원하지요. 주머니나 뚜껑이 달린 함정을 파기도 하고 끈끈이로 붙잡기도 합니다.

파리지옥 같은 식물은 곤충이 20초 간격으로 두 번째 잎에 닿으면 가장자리에 가시가 달린 잎을 오므려 쇠창살처럼 맞물리게 하는데 그

끈끈이주걱 잎(위)
끈끈이주걱 외국품종의 꽃(아래)

시간이 30분의 1초도 걸리지 않습니다. 한 번 들어간 곤충이 나오지 못하도록 뚜껑을 달고 있는 네펜데스로 잘 알려진 벌레잡이 통풀 종류, 함정이 너무 깊어 스스로 헤어날 수 없는 사라세니아 종류, 물고기를 잡을 때 쓰는 '통발' 같은 포충낭이 달린 기관이 있어 먹이가 들어오기를 기다리는 통발이란 식물도 있습니다.

지금 꽃시장에서 볼 수 있는 화려하고 기기묘묘한 식충식물은 나름대로 살아가는 세상이 있지요. 이 식충식물을 좋아하는 동호회가 생겨나고 세계적으로도 이런 모임이 많이 있는 것을 보면 정말 재미있습니다.

그 중에서 우리에게 가장 친근한 것은 누가 뭐래도 끈끈이주걱이 아닌가 싶습니다. 사실 이 식물은 희귀하기 때문에 보호대상이지만 이건 자생지에서의 이야기입니다. 누구나 잘 아는 종류인데다가 최근 조직배양 기술을 통해 수많은 끈끈이주걱이 복제되어 팔리고 있으니 친근하다는 게 전혀 어색하지 않지요.

끈끈이주걱은 이름에서 짐작할 수 있듯이 끈끈이 전법을 씁니다. 작은 주걱처럼 생긴 잎에 선모(촉각모라고도 합니다)가 달려 있습니다. 이 부분이 아름답고도 무서운 기관입니다. 끝이 빨갛게 보이는 이 선모에는 보통 이슬방울 같은 것이 맺혀 있습니다. 햇볕을 받아 영롱하게 반짝이며 달콤한 냄새까지 풍기니 곤충이나 사람이나 모두 그 아름다움에 반하게 되지요.

유혹을 이기지 못하고 날아든 작은 곤충은 끈적거리는 선모에 닿으면 빠져나갈 생각을 버려야 합니다. 일단 손에 잡힌 먹이라고 생각하는지 몇십 분에서 몇 시간에 걸쳐 아주 천천히 조여 오지요. 몸부림을 칠수록 그 올가미는 점점 조여지고 선모를 움직여 곤충을 적절한 위치로 옮긴 뒤 먹어버리지요.

어떻게 먹냐고요? 잔인하게도 녹여서요. 이슬처럼 맑다고 생각되지만 질식할 만큼 많이 분비되는 끈적한 소화액으로 며칠 동안 단단한 껍질을 녹여 흡수합니다. 끈끈이주걱을 보노라면 어떻게 그렇게 작고 연약하며 섬세한 식물이 이런 일을 할 수 있는지 저절로 감탄사가 나옵니다. 한여름에 청순한 흰 꽃을 피우는 이 식물의 두 얼굴이 참으로 놀라울 따름입니다. 이러한 식충식물의 세계를 보고 있으면, 순종적이고 피동적이라는 식물의 이미지가 전부가 아니었음을 깨닫게 되고 식물세계의 무한성을 느끼게 됩니다. 마치 세상을 살면 살수록 사람을 잘 모르듯 말입니다.

식충식물의 세계를 보고 있으면, 순종적이고 피동적이라는 식물의 이미지가 전부가 아니었음을 깨닫게 되고 식물세계의 무한성을 느끼게 됩니다.

2003년 6월 16일

여름, 숲이 시원한 이유

여름숲

뿌리가 흡수한 물이 잎 통해 증발할 때 주변의 열 빼앗아

우리는 계절을 미리 기다립니다. 겨울엔 포근한 연둣빛 새 봄을, 한여름엔 서늘한 가을바람을, 가을이 무르익으면 언제쯤 첫눈이 올까를 고대하지요. 하지만 특별한 사연이 없다면 무더운 여름만큼은 더디 오기를 바라게 됩니다.

이젠 정말 여름입니다. 그래서 녹음이 우거진 숲이 더욱 생각납니다. 시원하기 때문에 더욱 그렇지요. 여름 숲이 시원한 이유는 여러 가지입니다. 우선 나무 그늘이 따가운 여름 햇살을 가리고, 짙은 초록빛 나무 빛깔도 시원합니다. 게다가 나무 밑에 자라는 남보랏빛 산수국 무리를 만난다면 더욱 좋습니다.

산꼭대기에서 하늘을 가린 큰 나무를 못 만난다고 해도 산 위에서 부는 바람의 상쾌함은 말로 다 표현할 수 없습니다. 고도가 높을수록 기온이 내려가는 것은 이미 중고생 때 배웠으니 새삼 따질 필요는 없겠지요. 낙차 큰 계곡물이 물보라를 일으킨다면 더할 나위 없이 좋겠지만 숲에서는 흐르는 물소리만 들어도 충분하지요.

저는 어느 여름날, 점봉산 십이폭포 주변을 오르내리다가 그 언저리 어디에선가 커피나 팔며 책이나 읽으며 살 수 있다면 얼마나 행복할까 간절히 생각해 본 적도 있습니다. 그 여름 숲이 좋아서 말입니다. 그런데 이러한 여러 조건을 충족하지 않더라도 여름 숲은 시원합니다. 나무가 있기 때문이지요. 뿌리에서 흡수된 물은 줄기를 거쳐 잎을 통하여 수증기 상태로 증발하는데(이를 증산작용이라고 하지요) 이때 물이 나가면서 기화열을 빼앗아 주변 기온을 낮추어 줍니다.

어떤 자료에 의하면 증산을 통해 대기 중으로 나가는 물의 양은 나

산수국

무마다, 또 기후에 따라 다르지만 다 자란 단풍나무의 경우 시간당 수십 개의 생수통 정도나 되고, 반나절 동안 6,000kg의 물이 날아간다고 합니다. 참으로 대단합니다. 이러한 증산작용은 햇볕이 강할수록, 온도가 높을수록, 습도가 낮을수록, 바람이 강할수록 활발해지지요.

이러한 증산작용이 있기에 땅속에서 뿌리털이 열심히 물을 빨아들이는 원동력이 됩니다. 이 물엔 양분이 섞여있는데 증산작용이란 뿌리를 타고 올라온 물에서 양분을 남기고 물만 밖으로 내보는 것을 말합니다. 증산작용은 주변의 기온과 습도를 조절할 뿐 아니라 식물 자신의 기온과 물의 양도 조절합니다.

물이 대기 중으로 빨려나가는 힘이 뿌리털에서 흡수하는 힘보다 월등히 큽니다. 나무는 대기로 빼앗기는 물을 보충하기 위해 잎 표면적보다 수백 배에 달하는 표면적을 가진 뿌리털을 만들고, 멀리 떨어진 곳까지 뿌리를 뻗치지요. 그 덕분에 산의 흙이 지탱할 수 있고요. 정말 이 숲 속 식물들의 '생각'은 꼬리에 꼬리를 물듯이 끝이 없을 듯합니다.

 증산작용이란 식물의 뿌리를 타고 올라온 물에서 양분은 남기고 물만 밖으로 내보는 것으로 이 작용으로 숲의 기온과 습도가 조절할 뿐 아니라 식물 자신의 온도와 물의 양도 조절합니다.

2003년 6월 23일

선인장의 생존지혜

선인장 군락

선인장의 생존전략은 최대한 물을 확보하고 저장하는 것

올해는 유난히 비 소식이 많습니다. 나무에게야 나쁠 것 없지만 무엇이든 지나치면 걱정이지요. 혹 부지런히 꽃피우고 한참 열매를 맺어야 할 봄꽃이 어렵지는 않은지, 마지막 아름다움을 뽐내고 있을 산딸나무 꽃들이 상하지는 않았는지….

물은 식물이나 사람을 구성하는 가장 중요한 성분입니다. 물이 없다면 살아갈 수조차 없어 존재 그 자체라고 해도 과언이 아닙니다. 숲을 구성하는데 필수적 요소는 햇볕이지요. 나무와 풀은 일정한 공간에서 햇볕을 서로 차지하기 위해 치열하게 경쟁을 벌이지요. 그런데 지구 차원으로 조금 더 크게, 멀리 식물 분포를 따져보면 강수량 즉 수분이 1년 동안 얼마나 공급되느냐에 따라 어떤 곳에 어떤 식물이 자라는지가 결정됩니다.

1년에 2,500㎜의 비가 내리는 곳은 열대다우림이라고 하며 우거진 밀림을 만들어 냅니다. 강수량이 600㎜이하로 내려가면 우거진 숲은 구경하기 어렵고 스텝이라는 초원지대를 만듭니다. 250㎜이하 정도면 사막이 생겨나게 됩니다. 그런데 생명력은 참으로 대단해 불모지인 사막 환경에도 적응하며 살아가는 식물들이 있지요.

대표적인 것이 바로 선인장입니다. 선인장의 생존 전략은 간단합니다. 최대한 물은 많이 확보하고, 저장한 물은 도망가지 않도록 붙들어 두는 것이지요(어째 돈 버는 방법과 비슷하지요?). 선인장은 최대한 물을 많이 확보하기 위해 뿌리를 그물처럼 넓게 펼치지요. 수분을 흡수하기 위한 뿌리의 발달과정에 대해서는 이전에도 이야기했지만 선인장을 비롯한 건조한 곳에 사는 식물들은 더욱 특별합니다.

우리가 잎처럼 생각하는 선인장의 푸른 몸체는 사실은 줄기입니다. 다육질이어서 물을 많이 저장하면서도 공기구멍 수는 적고 표면은 납질로 덮여 수분이 날아가지 않도록 합니다. 멀리서 보면 선인장이 희게 보이는 것은 바로 이 때문입니다. 가시는 잎이 변한 것입니다. 가시로 변한 이유는 동물들에게 먹히지 않기 위함이기도 하고, 무엇보다 지난주에 이야기한 막대한 수분의 증산을 막아보고자 함이지요. 선인장 줄기를 잘 보면 가시가 달린 자리가 있습니다. 잎이 달리는 자리가 있듯이 말입니다.

선인장 꽃

선인장은 특히 표면 주름이 깊게 발달했습니다. 가능한 한 주변의 복사열을 받아 식물 몸체의 온도가 높아지지 않도록 조절하기 위함이랍니다. 온도조절을 잘 하기 위해 라디에이터에 주름을 내듯이 말입니다.

몇 년이고 비 한 방울 내리지 않는 사막에, 그래서 생명의 흔적조차 찾아보기 힘든 땅에도 어느 순간 큰 비가 한번 오면, 갑자기 어디에선가 나타난 온갖 식물들이 일제히 꽃을 피워 장관을 이룬답니다. 어려운 일로 마음을 상했다가도 사막의 꽃들이 견뎌냈을 인고의 세월과 고난의 깊이를 생각하면 우리는 식물보다 못하다는 자책을 하게 됩니다. 하긴 인간이 더 낫다는 생각 자체가 착각일지도 모르겠습니다.

 선인장의 생존 전략은 최대한 물은 많이 확보하고, 저장한 물은 도망가지 않도록 붙들어 두는 것입니다.

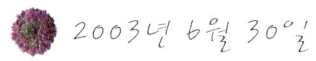 2003년 6월 30일

네잎클로버의 진실

토끼풀

귀화식물로 보통 세 잎이나 돌연변이 탓으로 네 잎 생겨

얼마 전 전화 몇 통을 받았습니다. 요즘 한강 둔치 공원에서 네잎클로버가 무수히 많이 발견된다는 내용이었습니다. 아주 드물어야 할 네잎클로버가 많이 보이는 것이 이상하며 환경오염 때문이 아니냐는 것이었습니다.

네잎클로버는 일종의 돌연변이라고 할 수 있지요. 세 장의 잎이어야 하는데 드물게 네 장으로 나타납니다. 돌연변이를 일으키는 이유는 무수히 많습니다. 물론 환경오염도 그 하나이지만, 자연적인 변이도 적지 않습니다. 변이는 좋게도, 나쁘게도 인식됩니다. 예를 들어 값 비싸고 아름다운 꽃의 새로운 품종을 만드는 원예 육종가들은 바로 이 돌연변이에서 특별한 것을 골라내는 일을 합니다.

자연 속에서도 이 돌연변이는 식물의 진화를 유도합니다. 자연 속에는 무수히 많은 변이가 있습니다. 우연히 만들어진 변이가 새로운 환경이나 수분 매개 곤충과의 관계에 더욱 잘 적응하면서 열매 정착에 유리한 구조와 기능을 만들게 되지요. 이에 따라 식물계(물론 자연계도 마찬가지입니다)가 아주 조금씩 변화합니다.

네잎클로버는 행운을 기다리는 사람들이 행운으로 인식한 대표적인 경우이지요. 많은 이들은 나폴레옹이 네잎클로버를 보고 신기하게 여겨 허리를 굽히는 순간, 총알이 비켜났다는 일화를 유래로 알고 있지만, 실제로 네잎클로버와 행운과의 관계는 기원전까지 거슬러 올라간다고 합니다.

토끼풀 군락

세계에서 가장 많은 네잎클로버를 가져 행운을 가장 많이 맛봤다고 말할 수 있는 사람은 역설적이게도 미국의 한 교도소에 갇혀 있던 죄수였습니다. 그는 5개월 동안 교도소 마당에서 13,000여 개의 네잎클로버를 찾아냈으며, 심지어 일곱 잎 클로버도 있었다고 합니다. 그러니 요즘 네

네가래

잎클로버가 많아진 원인을 찾는데 너무 조급히 한 방향으로 몰아가지 말고 조금 폭넓게 보며 점검할 필요가 있다고 생각됩니다.

행운을 얻고 싶은 사람이 많다 보니, 미국의 한 연구소에서는 일부러 10만분의 1의 확률로 돌연변이를 일으켜 네 잎으로 만들고 특허를 내서 팔기도 합니다. 또한 감쪽같이 인조 네잎클로버를 만들어 팔기도 합니다.

사실 클로버는 우리가 잘 알고 있는 토끼풀입니다. 목초로 들어온 귀화식물이지요. 더러 작은 잎 하나하나가 오목하게 들어간 것이 있는데 이것은 '괭이밥'이며, 네 잎으로 이루어진 '네가래'라는 식물도 우리나라 물가에서 자랍니다. 그래서 정말 식물의 잎으로라도 행운을 얻고 싶다면 네가래 잎이라도 건네주지요. 마음이 중요한 것이라 싶어서 말입니다.

저는 이 작은 소란이 부디 네잎클로버가 어떤 특별한 환경적인 변화가 아니라, 주변에 풀 속을 좀더 가까이 들여다보면서 살아가는 초록빛 여유가 조금씩 생겨났기 때문이기를 간절히 바랍니다. 만일 잿빛 도시의 시계처럼 돌아가는 바쁜 일상에서, 주변에 피어난 작은 풀잎 하나와 나뭇가지를 흔드는 바람 한자락에 눈길을 주고 마음을 연다면, 네잎클로버가 주는 작은 행운과는 비교할 수 없는, 자연과 더불어 사는 삶이란 더 큰 행운이 찾아올 것이라고 믿습니다.

2003년 7월 7일

순채가 버린 것과 얻은 것

순채

포기하는 만큼 새로이 얻는 순채의 생존전략

책상에 앉아 있다 보면 이렇게 좋은 숲에서 일하면서 지금 뭘 하고 있나 싶어집니다. 문득 일어나 문 밖으로 나가면 절로 발길이 가는 산책 코스가 이즈음에는 주로 수생식물원이지요. 수련과 남개연은 이미 꽃이 한창이고 이제 곧 노랑어리연꽃이 잔잔하고 아름답게 수면을 덮을 것입니다.

수생식물원은 제게 좀 특별한 의미가 있습니다. 그곳에 터를 잡은 여러 식물들 중에는 몇 년에 걸쳐 어렵사리 살려 놓은 식물들이 여럿 있습니다. 그러니 꼭 이것저것 챙겨서 보는 식물들도 여럿 있습니다. 비가 자주 오니 물이 차서 어렵사리 정착한 가시연꽃의 잎이 제대로 나올 수 있을지 걱정되고, 물부추는 포자를 맺었는지 궁금해지지요.

몇 년째 올라오지 않아 마음을 태우고 있는 식물이 있는데 바로 순채입니다. 작년 이맘 때 편지에 소개했듯이, 백련을 주신 스님께 순채가 잘 자라서 퍼지면 꼭 나누어 드린다고 했는데 아직 그 약속을 지키지 못하고 있습니다.

순채는 예전에 커다란 못에 살던 수생식물입니다. 일부러 키우기도 했지요. 순채 잎은 물 위로 나와 펼쳐지기 전에는 길쭉하니 돌돌 말려 있는데 투명하고 말랑말랑한 우무질에 싸여 있습니다. 바로 이 부분을 새순과 함께 먹습니다. 순채국을 끓이기도 하고 무쳐먹기도 합니다. 특히 일본인들이 좋아해서 간혹 비싼 고급 일식집에 가면 순채를 맛볼 수 있는데 그건 수입한 것입니다. 우리가 못에 순채를 키우던 시절에는 수출도 했다는데 말입니다.

다른 수생식물처럼 한여름이면 순채도 꽃을 피웁니다. 방패 같은 모양의 반질거리는 잎을 물 위로 가득 펼쳐내고 그 잎의 겨드랑이에서 꽃자루가 올라와 꽃을 피우지요. 그런데 그 꽃 색깔이 아주 독특합니다. 어두운 자주색인 듯도 하고 갈색인 듯도 합니다. 자연에는 정말 도 헤아릴 수 없이 다양한 색들이 존재하지만 순채 꽃잎과 같은 색을 본 기억이 없습니다.

어떻게 혼자만 개성 있는 꽃을 피울 수 있을까요? 살아가는 방식의 차이입니다. 순채처럼 물에 잎을 띄우고 살아가는 수련은 충매화입니다. 곤충들이 좋아하는 밝고 화려한 꽃 색깔이 필요하지요. 물의 요정이라고 하는 수련은 곤충이 활동을 잘 하지 않는 저녁이면 아예 꽃을 닫고 잠을 자므로 이름도 수련(睡蓮)이 되었습니다. 그

순채의 새순

런데 순채는 꽃잎을 가진 꽃을 피우면서도 풍매화입니다. 순채꽃 한 송이가 피어 있는 기간은 이틀인데 꽃이 핀 첫째 날은 꽃 속의 암술만이 성숙해 암꽃이었다가, 둘째 날에는 암술이 지고 수술이 성숙해 바람에 꽃가루를 날리는 수꽃이 되었다가 지게 됩니다.

이처럼 순채는 적극적으로 곤충을 유인해 효율을 높이는 치열한 삶의 방식을 포기함으로써 경쟁에 뒤지고 그 결과 희귀식물이 되어가는 것 같습니다. 그러나 대신 흰색이 지천인 이 여름에 아무도 흉내 낼 수 없는 자신만의 색깔을 얻었습니다.

우리가 출세와 성공이라는 쳇바퀴를 빠져 나오면 대신 가족과 사랑을 나눌 시간도 생기고, 이웃을 찾아보는 마음의 빈자리도 만들며, 세상의 기준이 아닌 나만의 삶을 엮어갈 수 있듯이 말입니다. 순채는 '포기하는 만큼 새로이 얻는다'고 말하고 있는 듯합니다.

 순채는 풍매화로 곤충을 유인해 효율을 높이는 적극적 방식을 포기해서 희귀식물이 되었지만 대신 자기만의 독특한 색깔을 가지게 되었습니다.

2003년 7월 14일

여름숲 요정 산형과 식물

어수리 꽃

우산살 꽃자루에 흰꽃 피우는 '털강활' 꽃은 암수 성전환 반복해

비가 오락가락 합니다. 그 비 때문에 마음도 개었다가 가라앉기를 반복하게 됩니다. 이 긴 장마가 끝나면 아이들 방학이 찾아오고, 휴가가 절정을 이룰 것입니다. 더없이 뜨거운 태양과 북적대는 사람들 속에서도 마냥 즐거운 휴가 말입니다.

휴가 계획은 잘 세우셨나요? 저는 매년 일이 겹치는 바람에 휴가 계획을 미리 세울 엄두가 나지 않아 포기하곤 했지요. '올해는 꼭' 이라고 결심하고 전에 없이 숙소예약이라도 해놓으면 꼭 중요한 일이 생겨 고민이 많답니다. 그래도 이젠 '쉼'에 대해 진지하게 생각해야 할 때가 된 것 같아요. 생각하고 공부하러 찾아가는 숲이 아닌 쉬러 가는 숲을 실천할 생각입니다.

여름 숲에 가면, 우거진 숲과 그 잎새들은 열심히 광합성을 하며 성장을 꾀하고 있을 터입니다. 그래서 초록의 무성함 속에서 웬만한 꽃들은 자신을 표현할 방법을 찾아내기 힘들지요.

그래도 여름 숲을 생각하면 언제나 가장 먼저 떠오르는 식물이 있는데 바로 산형과(傘形科) 식물입니다. 이 과에 속하는 식물은 대부분 흰색 꽃을 피우는데다 작은 꽃은 마치 우산살처럼 일정한 길이의 꽃자루를 가지고 있어(왜 산형과라고 하는지 아시겠죠?) 쉽게 구별할 수 있습니다.

때로는 숲 속 요정의 물건일 것 같은 작고 흰 꽃우산이 모여 좀더 큰 우산을 만들고 이것이 모여 아주 큰 우산을 만들지요. 하나로 보면 극히 하찮은 아주 작은 꽃이 수백 수천 개가 모여 여름 숲에서도 가장 돋보이는 존재가 됩니다. 여름 숲에서 만나는 산형과 식물 중에는 참당귀, 개구릿대, 강활, 천궁, 전호, 어수리 등이 있습니다. 향기가 좋고 약이 되는 공통점이 있지요.

어떤 책을 읽다 보니 이 산형과 식물 중에서 우리말로 구태여 옮기자면 '털강활' 쯤 되는 식물이 있는데, 이 식물 한 포기가 숲에서 드라마를 만들어내고 있다는 겁니다. 흥미진진해졌습니다. 보통 이 식물의 개화기는 한 달 이상 되고 때로는 여름 내내 이어질 수 있습니다. 작은 꽃 한 송이가 피는 시간은 1주일 정도지만 개화가 차례로 이어져

섬바디

전체적으로 길어지는 것이지요.

재미있는 사실은 또 있습니다. 꽃이 처음 피는 며칠 동안은 암술은 성숙하지 않은 상태에서 수술에서 꽃가루를 방출하는 수꽃이다가 이내 수술이 말라버리고 암술만 제 역할을 하는 암꽃으로 변신합니다. 꽃차례 전체에서 이런 변신, 그것도 특별한 성 전환이 아주 일정한 방식으로 일어나는데 식물의 가장 위쪽에 있는 꽃부터 차례차례 일어납니다. 말하자면 한 개체가 여름 동안 수그루-암그루-수그루-암그루-수그루로 성 전환하는 것이죠.

조용하고 잔잔한 꽃이 아무도 모르게 조용히 피어 이렇게 극적인 드라마를 연출한다는 것이 참으로 놀랍습니다. 한 사람의 성 전환을 두고도 온 나라가 호들갑을 떠는 것에 비춰볼 때 한 포기 꽃의 역동적인 변화는 그저 감탄스러울 따름입니다.

부끄럽게도 우리가 이웃나라 학자처럼 눈여겨보지 않았을 뿐이지, 우리 여름 숲에도 지천으로 널린 산형과 식물 중에서 이렇게 살고 있는 식물이 분명히 있을 것입니다. 숲 속에서 산형과 식물이 만들어내는 새로운 우리 꽃 드라마를 발굴해 재미있게 보는 것, 이것이 올 여름 제 휴가 계획입니다.

2003년 7월 21일

능소화의 꽃가루

능소화 꽃

양반집 울타리에만 자라던 능소화의 수난시대

능소화 꽃이 한창입니다. 요즘 제 연구실 밖으로 나오면 건너편 건물의 돌벽 가득히 주렁주렁 달려 있는 능소화 꽃송이들이 얼마나 고운지 번번이 발길을 멈추게 됩니다.

  능소화가 더욱 반가운 것은 제가 제 딸아이만한 나이 때 우리집 마당에서 보던 추억 때문인지도 모르겠습니다. 주홍빛 꽃들이 꽃잎도 상하지 않은 채 뚝뚝 떨어져 버리면 어린 마음에도 그 꽃이 아까워 마음을 죄던 기억이 아직도 생생합니다. 우리집 능소화는 여러 사람들이 탐을 내 큰 집과 이모댁, 이웃집에도 나누어 주었습니다. 그 세월 그 사람들, 그리고 능소화는 지금쯤 어떤 모습을 하고 있을까요?

그런데 얼마 전부터 능소화가 수난을 당하고 있습니다. 능소화 꽃가루가 눈에 들어가면 실명한다는 말이 퍼지면서 많은 사람들이 집 앞이나 공원에 심어져 있던 능소화를 뽑아 버리려고 합니다.

나팔 같은 능소화 꽃은 다섯 갈래로 벌어지고 그 속에 한 개의 암술과 네 개의 수술이 드러나 있습니다. 그리고 이 노란 수술은 끝이 휘어져 있죠. 여기에 달리는 아주 미세한 꽃가루에는 갈고리 같은 것이 있습니다. 사실 꽃가루가 눈에 들어가면 좋을 것이 하나도 없습니다(물론 먹으면 영양식이 되지만요). 더욱이 능소화 꽃가루가 갈고리 같이 생겨서 사람들이 더 겁을 먹는지 모르겠습니다.

하지만 갈고리라고는 해도 우리가 생각하는 것처럼 흉물스러운 것은 아니며 천 배 이상의 배율을 가진 현미경으로나 봐야 보일 정도입니다. 더욱이 지금까지 이 나무의 꽃가루가 문제가 되어 눈에 이상이 생겼다는 얘기는 들은 적이 없습니다. 사람들이 주의를 하면 될 텐데, 아예 이 나무를 없애 버리겠다고 온 나라가 들썩이는 것은 좀 이상합니다.

참으로 신기한 것은 각각의 식물은 겉모습만 차이 나는 것이 아니라 맨눈으로는 도저히 볼 수 없는 아주 작은 꽃가루들의 모양과 표면의 무늬마저도 식물마다 다르다는 사실입니다. 식물분류학자들은 이러한 꽃가루를 전자현미경으로 보고 식물의 계통을 따져보는 연구를 하기도 합니다. 우리가 조금 엿보아 알고 있는 식물의 세상은 지구차

원으로 크게 보아도, 현미경 속에서 아주 작게 보아도 참으로 심오하며 언제나 새롭습니다.

능소화의 별명이 '양반꽃' 입니다. 옛날 우리나라에서는 이 능소화를 양반집 마당에서만 심을 수 있어, 혹 일반 백성의 집에서 이 나무가 발견되면 관가로 잡혀가 곤장을 맞았다는 얘기도 있지요.

한여름, 늘어진 꽃자루 끝에 입을 대고 한껏 힘주어 부는 나팔처럼 싱그럽게 고개를 쳐들고 피는 능소화 꽃들. 바람이 불고 비라도 몹시 내리면 시계추처럼 흔들리는 이 능소화 꽃송이의 매력을 느낄 수 있는 사람, 그 나팔을 닮은 꽃들이 불어내는 자연의 소리를 들을 수 있는 사람이 바로 이 시대의 양반이 아닐까 싶습니다.

 식물은 겉모습만 차이 나는 것이 아니라 맨눈으로는 도저히 볼 수 없는 아주 작은 꽃가루들의 모양과 표면의 무늬마저도 식물마다 각각 다릅니다.

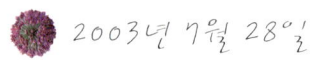
2003년 7월 28일

못다 이룬 사랑 상사화

상사화 꽃

스님과의 안타까운 연정을 간직하고 잎도 없이 피어나는 연분홍 절꽃

여름이면 사찰 화단이나 시골집 오래된 정원 한 켠에서 간혹 상사화 꽃을 볼 수 있습니다. 연분홍빛 꽃송이들이 얼마나 고운지…. 이 식물은 꽃이 필 때는 잎이 나지 않고 잎이 날 때에는 꽃을 볼 수 없어, 즉 만날 수 없는 서로를 그리워 한다 하여 상사화란 이름이 붙었습니다.

그래서 이 꽃에 붙여진 사연도 절절한데, 세속 여인을 사랑한 스님이 만날 수 없는 여인을 그리워하며 절 마당에 심었다고도 하고, 반대로 스님에 대한 사모의 정을 키우던 여인이 수도중인 스님의 방 밖에서 그리움만 키우다 된 꽃이라는 이야기도 있습니다. 이 꽃을 주로 절에서 볼 수 있다는 점, 꽃의 이름과 사연, 그리고 아름다우면서도 은근한 그 자태가 모두 한 느낌으로 와 닿습니다.

하지만 상사화는 알고 보면 이렇듯 애절하고 수동적인 식물이 아니랍니다. 더러 사람도 알고 보면 선입견과 전혀 다른 모습일 때가 있듯이 말입니다. 우선 상사화의 잎과 꽃은 서로를 그리워할 리가 없습니다. 남자와 여자가 만나듯 식물에 있어서 꼭 만나야만 하는 대상은 잎과 꽃이 아니라 암술과 수술(식물에 따라서는 암꽃과 수꽃)이기 때문입니다.

상사화는 살아가는 방식도 다릅니다. 아주 살이 많이 찐 부추 같기도 하고 양파 같기도 한 새순이 봄에 삐죽 올라오다가 이내 초록빛이 무성하게 포기를 만듭니다. 그만큼 열심히 광합성을 하여 알뿌리에 양분을 비축한 것이지요. 그러다가 여름이 시작되고 어느 날 문득 바라보면 땅 위에서 사라져 버리지요.

긴 장마도 그치고 여름이 무르익고 있다고 느낄 즈음, 다시 어느 순간 쑥 꽃대를 올려 보내 꽃을 피웁니다. 물론 잎도 없이. 꽃대 하나마다 여러 송이의 큼직한 꽃송이들이 사방을 향해 달려 한 포기를 이루면 너무 예뻐 그 앞에 발길을 멈추지 않을 수가 없지요. 상사화는 사라지고 나

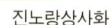
진노랑상사화

타나는 방식도 극적일 뿐 아니라, 한 계절 비축했던 것을 소진하며 한 여름을 자신의 계절로 마음껏 향유하겠다는 당돌함이 마치 신세대를 보는 것 같습니다.

더욱이 상사화는 사람의 손에 의해 키워진 지 너무 오래된 탓에 본성을 많이 잃어버렸습니다. 사람의 입장이 아닌 식물 입장에서 꽃의 존재 이유라고 할 수 있는 중요한 열매를 잘 맺지 않을 뿐 아니라, 열매가 달린 듯해도 후손이 될 씨앗은 여물지 않습니다. 이루지 못할 사랑을 그리워하다 죽어가는 그런 소극적인 절꽃은 아닌 것이지요.

그런데 왜 절에 많냐고요? 사연이 있어서라기보다는 상사화 알뿌리의 방부효과 때문입니다. 불경을 만들 때 종이를 배접해 책을 묶는 데 쓰는 접착제에 넣거나 탱화를 그릴 때 섞으면 좀이 슬거나 색이 바래지 않게 해주니 항시 곁에 심어두고 이용했던 것이죠.

상사화 이야기를 하다 보니 아는 것이 병이지 않나 싶기도 합니다. 그냥 보기만 해도 고운 상사화 분홍 꽃빛을 넋 놓고 바라보며 이제는 아련해진 첫사랑의 추억에나 빠져드는 것이 더 좋았을지 모르겠습니다.

 상사화는 초여름에 무성한 잎이 흔적 없이 사라져 버리지만 여름이 한창일 즈음, 다시 어느 순간 쑥 꽃대만 올려 보내 꽃을 피웁니다.

2003년 8월 4일

물속 식물은 숨 안찰까

민구와말

뿌리까지 산소 보내려고 구멍 숭숭 뚫린 줄기 · 잎으로 생존

비가 지겹도록 내렸지만, 막상 장마가 끝나고 며칠 무더위에 시달리다 보니 물 생각이 간절합니다. 꼭 바다가 아니더라도 얼음을 동동 띄운 시원한 오미자냉채 생각도 나고, 내린천의 시원한 물줄기도 생각나고…. 머릿속은 온통 이런저런 물 생각으로 가득하네요. 지금쯤 더위를 피해 물속에 몸을 담그고 계시다면 얼마나 시원하고 좋을까요. 하지만 아무리 물이 좋아도 우리가 인어공주처럼 물속에서 살아갈 수는 없습니다. 숨을 쉴 수 없기 때문이죠.

그런데 열대지역에 사는 맹그로브나 온대지역에 사는 낙우송처럼 물속이나 물가에 뿌리를 내리고 있는 나무들도 숨을 쉬기 위해 습지에서 땅위로 기근(氣根)을 올려 보낸다는 이야기는 오래 전에 했지요. 하지만 이런 나무가 아니더라도 물속을 터전으로 삼은 풀들도 많이 있습니다. 이들에겐 무슨 비결이 있을까요.

재미난 것은 땅에 자리를 잡은 식물들은 물을 잘 흡수하기 위해 뿌리를 발달시키는데(물론 꼿꼿이 서 있기 위한 이유도 있지요) 반해 물속에 사는 식물은 뿌리가 잘 발달하지 않는다는 점입니다. 뿌리가 없더라도 물을 쉽게 얻을 수 있으니까요. 대신 산소를 얻어 호흡을 제대로 해야 하는 만큼 이를 효과적으로 할 수 있는 방법을 제각기 터득하고 있습니다.

물속의 잎이나 뿌리들은 공기 중의 산소를 공기구멍을 통해 흡수할 수 없으니 물속에 녹아 있는 적은 양의 산소를 흡수하거나 별도의 방법으로 산소를 뿌리까지 끌어들여야 합니다. 나자스말, 실말, 말즘, 검정말 같은 식물처럼 아예 물속에 잠겨 있는 식물들은 물결따라 흐느적거리는 얇은 잎 전체를 통해 산소를 흡수한다고 합니다.

연꽃처럼 뿌리는 땅속에 있지만 잎을 땅 위로 올려 보낸 식물들은 잎으로 산소를 받아들이고 숭숭 뚫린 구멍을 통해 땅속줄기를 거쳐 뿌리까지 산소를 보내지요. 물에 뜨는 줄기나 잎에 난 많은 구멍은 물에 잘 뜨게 하는 역할도 하지만 공기 이동에도 큰 역할을 합니다. 연꽃 뿌리인 연근의 경우 구멍 뚫린 땅속줄기가 땅속에 묻혀 사니 몸을 가볍게 하려는 게 아니고, 전적으로 물 위에서 받아들인 산소를 물속

물 속에서 살지만 꽃은 물 위에서 피는 이삭물수세미 꽃

뿌리까지 공급하기 위한 것이지요.

　개구리밥처럼 물 위에 떠서 사는 식물도 있습니다. 잎에서 산소를 받아들여 삼투작용을 통해 산소를 효과적으로 뿌리로 보냅니다. 대부분의 식물은 공기구멍이 잎 뒷면에 있지만 개구리밥은 앞면에 있지요. 또 뿌리는 물을 흡수하기보다 물에 떠 있을 때 균형을 잃지 않도록 합니다.

　그러고 보면 물가에 자라는 평화로운 수생식물도 각기 사느라고 열심이지요? 어려워도 가끔 휴가를 얻어 수생식물을 고즈넉이 바라보는 우리 팔자가 차라리 좋은 것일지도 모르겠습니다.

 나자스말, 실말, 말즘, 검정말 같은 식물처럼 아예 물속에 잠겨서 사는 식물들은 물결 따라 흐느적거리는 얇은 잎 전체를 통해 산소를 흡수합니다.

2003년 8월 11일

꽃잎 닫힌 여름 금강제비꽃

제비꽃

철늦게 피어나 꽃잎을 열지 않고 스스로 꽃가루받이해

언제나 느끼는 일이지만, 자연이 가진 큰 매력의 하나는 다양함입니다. 우리가 아는 사실은 그 다양함 속에서 찾아낸 아주 작은 일부분일 뿐이지요. 제비꽃에 달려 있는 피지 않는 꽃, 폐쇄화를 처음 알았을 때의 느낌도 그랬습니다.

대표적인 봄꽃인 제비꽃 이야기를 한여름에 꺼내는 것이 이상하게 들릴지도 모르겠습니다. 제비꽃이라고 하면 따사로운 봄볕이 드는 들녘이나 한적한 시골길, 나지막한 언덕 위, 동네 빈터의 양지바른 곳, 아주 깊은 산골 어디에서나 반갑게 우릴 맞이해주는 귀엽고도 친숙한 들꽃으로, '보랏빛 고운 빛 우리 집 문패꽃, 꽃 중에 작은 꽃 앉은뱅이랍니다' 하는 그 꽃입니다.

제비꽃 종류는 우리나라에만 해도 수십 가지가 있습니다. 그 중에 금강제비꽃 같은 몇 종류는 아주 보기 드물어 보전할 필요가 있지요. 금강제비꽃을 찾다가 처음 피지 않는 꽃을 발견했지요. 제비꽃 종류는 보통 이른 봄에 일찍 올라와 꽃을 피웁니다. 키를 낮추는 봄꽃 이야기는 언젠가 얘기했지요.

꽃이 지고 이내 열매를 맺어 세 갈래로 벌어진 열매에서 씨앗마저 튕겨나갈 즈음이면 봄은 떠날 채비를 합니다. 이때도 잎들만은 더욱 왕성하게 커집니다. 양분을 만들어 비축해 놓기 위함입니다. 이때 제비꽃 특히 남산제비꽃과 같은 종류의 잎들을 보면 봄날의 앙증스러움은 찾아보기 어려울 때도 있습니다.

그런데 이런 여름날 금강제비꽃 포기를 잘 살펴보면 땅 위로 올라온 이상한 기관이 있습니다. 마치 콩나물 시루에서 덜 올라온 머리 같기도 한 모습인데 바로 폐쇄화입니다. 폐쇄화는 꽃은 꽃이지만 꽃잎이 벌어지지 않은 꽃입니다. 닫혀 있는 꽃이지요. 이 꽃의 존재는 환경에 잘 적응하는 제비꽃류의 다양한 모습을 보

제비꽃 열매(위)와 금강제비꽃(아래)

남산제비꽃, 알록제비꽃, 노랑제비꽃(위에서부터)

여줍니다.

우리가 잘 아는 봄의 꽃들은 정상적으로 꽃을 피워 꽃잎의 아름다움과 향기로 곤충을 부르고 그들의 도움으로 서로 다른 개체들의 꽃가루를 받아 결실을 맺지요. 제비꽃류 특징의 하나가 꽃의 뒷부분이 부리처럼 길게 튀어 나와 있고 이를 식물 용어로 '거'라고 부르는데 꿀이 고여 있지요. 충실한 충매화임을 잘 말해주고 있습니다.

그런데 어떠한 역경과 어려움 속에서도 후손을 잘 번성시켜 나가야겠다고 생각하는 일부 제비꽃류들은 여름에 한번 더 꽃을 피웁니다. 이때는 숲 속이 우거지고, 다른 식물들도 무성하여 키 작은 제비꽃에 소소한 꽃을 달고 피어난들 곤충들이 찾아줄 리 없지요. 그래서 아예 이를 포기하고 꽃잎마저 벌리지 않은 채 스스로 꽃가루받이를 합니다. 이를 '자가수분'이라고 합니다.

꽃이 유전적인 다양성과 건강성을 높이기 위해 얼마나 노력하고 있는지는 지금까지 여러 식물의 이야기를 통해 했는데, 이 여름에 핀 제비꽃들은 환경조건 때문에 그러한 이상적인 다양성을 과감히 포기합니다. 이러저러한 것을 따지기 전에 우선 결실을 하는 일이 급선무이니 말입니다.

우리가 알지 못했던 제비꽃의 이면입니다. 한 줌도 되지 않을 만큼 귀엽고 여리기만 한 제비꽃들도 생존을 위해서 이렇게 열심입니다. 생활고로 스스로 삶을 마감하는 이가 있어 마음에 충격을 주더니, 물질적인 부족함이란 전혀 없을 것 같은 한 사람이 삶을 포기했다는 소식이 전해져 또 우리를 크게 놀라게 합니다.

그래서 요즘 우리와 같은 평범한 이들도 '사람은 도대체 무엇으로 사는가'라는 질문을 스스로 깊이 묻게 됩니다. 우리가 미물로 생각하고 밟는 것을 예사롭게 생각하는 이 작은 제비꽃 한 포기도 그 삶을 얼마나 소중히 여기고 열심히 적응하는지를 엿보았다면, 그 해답의 실마리를 찾는 데 도움이 되지 않을까 싶습니다.

 제비꽃류 중에는 여름에 한번 더 꽃을 피우는 것이 있습니다. 이미 무성한 숲에서 키 작은 제비꽃을 찾을 곤충들이 없으므로 꽃잎을 벌리지 않고 스스로 꽃가루받이를 합니다.

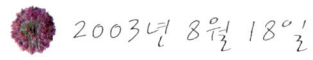 2003년 8월 18일

닭의장풀의 비밀

닭의장풀

꽃봉오리 열렸을 때는 이미 꽃가루받이를 마친 상태

너무 흔해서 눈여겨보지 않은 꽃, 하지만 누구나 마음속에서 친근하게 생각하는 식물이 '닭의장풀'이 아닌가 싶습니다. 닭의장풀은 흔히 '달개비'라고 부르고 있는 식물을 말합니다.

예전엔 대개 마당 한구석에 닭장이나 토끼장 같은 것이 있었는데 그 근처에서 흔히 볼 수 있는 풀이라 해서 붙여진 이름입니다. 꽃잎 모양이 닭벼슬 같아서 붙인 이름이라는 이야기도 있지요. 닭장이라고 하면 진짜 닭이 사는 닭장이 아니라 시위하다가 잡혀가는 창문 막힌 버스를 떠올리는 세상이어서 그런지 사람들은 닭의장풀을 그리 귀히 여기지는 않은 듯싶습니다.

하지만 가만히 앉아 이 식물을 들여다보고 있으면 얼마나 예쁜지 모릅니다. 요즘 이 식물의 꽃이 한창입니다. 다소 주름진 남빛 꽃잎 두 장이 부채살처럼 퍼지고 그 가운데 선명하게 드러나는 샛노란 수술이 자리 잡아 마치 노란 더듬이를 가진 푸른 나비처럼 보이기도 합니다.

하지만 이 닭의장풀 꽃의 꽃잎(본래는 꽃받침과의 구분이 없으므로 '화피'라고 부릅니다)은 3장입니다. 그 가운데 2장은 선명하고 아름다운 빛깔인 반면, 나머지 1장은 작고 반투명하여 잘 드러나지 않습니다. 이 화피가 구태여 다른 모습을 하고 있는 이유를 알지 못했습니다.

재미난 것은 사람들에게 닭의장풀 수술이 무엇이냐고 물으면 가운데 쪽에 남색 꽃잎을 배경으로 선명하게 두드러지는 가운데 노란 부분을 이야기합니다. 하지만 이 역시 수술이지만 꽃밥은 묻어 있지 않으니 제 구실하는 진정한 수술이라고 할 수 없습니다. 다만 멀리서 곤충의 눈에 잘 보이도록 하는 것이지요.

색은 옅지만 앞으로 길게 튀어 나온 두개의 수술에 꽃밥이 생겨, 안쪽의 짙은 노란색을 보고 돌진하는 곤충의 어느 부분엔가 묻게 되지요. 이 화피와 수술은 보트 모양의 포가 싸고 있습니다. 작은 꽃이면서도 이토록 화려한 구성을 하고 있는 식물이 어디 흔하랴 싶습니다.

그런데 정말 이상한 닭의장풀의 비밀은 꽃봉오리가 벌어져 꽃이 피었을 때는 이미 90% 이상의 꽃들이 자신의 꽃가루로 수분을 마친 상태라는 것이지요. 지난주에 소개해 드린 제비꽃들의 폐쇄화처럼, 효율

좀닭의장풀

을 높이기 위해 다양성의 감소를 감수하고서라도 자가수분을 한 것이라면 왜 구태여 꽃잎을 펼쳐 꽃을 피워냈을까요? 애써 찾아간 곤충들만 허무하게 말입니다.

당나라 시인 두보는 이 꽃을 기르면서 꽃이 피는 대나무라 하여 아주 좋아했다고 합니다. 옛 사람처럼 이 푸른 꽃잎으로 비단을 물들이는 호사는 아니더라도, 이름이 주는 선입견에 가려 비밀에 쌓인 식물 하나를 우리가 소홀히 하지 않았나 싶습니다.

 닭의장풀의 비밀은 꽃봉오리가 벌어져 꽃이 피었을 때는 이미 90% 이상의 꽃들이 자신의 꽃가루로 수분을 마친 상태라는 것이지요.

2003년 8월 25일

버섯은 식물이 아닙니다

망태버섯

미생물인 균류로 생태계 내에서 식물을 분해하는 역할

비가 참 많이 옵니다. 사람 마음이란 참으로 얄팍해서 무더위를 피한 것 같아 좋다가도 방학 동안 딸아이를 수영장 한번 데려가지 못한 게 섭섭해지기도 합니다. 창 밖으로 떨어지는 빗소리가 듣기 좋다가도 싱겁고 값 오른 과일을 보고서야 올 농사 걱정이며 왕성하게 자라야

방구버섯

했을 숲 속 가득한 녹색식물의 생장과 결실에 균형이 깨어지지 않았을까 생각이 미치니 말입니다.

 이렇게 비온 뒤 숲에 가면 유난히 눈에 띄는 것이 있습니다. 바로 버섯이지요. 제가 일하는 광릉 숲은 특별히 오래된 숲이어서 넘어지고 스러진 나무도 많고 더불어 사는 버섯도 유독 많습니다. 그런데 도대체 버섯은 무엇일까요? 버섯을 식물로 잘못 알고 있는 이가 많지만 버섯은 미생물로 분류되지요.

 버섯은 미생물인 균류 중에서 우리가 버섯이라고 말하는 부분, 즉 눈으로 식별할 수 있는 크기의 자실체를 만드는 것을 통틀어 부르는 말입니다. 이 자실체란 것은 고등식물로 치면 꽃에 해당하는 것이어서, 꽃에서 열매를 맺듯 자실체에서 포자를 만들어 퍼져나가게 됩니다. 하지만 버섯 생활에는 이렇게 눈에 보이는 자실체 말고도 포자가 발아해 나오는 균사체(고등식물의 뿌리, 줄기, 잎이라고 생각하면 됩니다)가 있습니다. 이 균사체가 요즘처럼 비가 오고 기온도 높아지는 등 적당한 환경이 되면 눈에 보이는 버섯, 정확히 자실체를 만들어 내지요. 종류에 따라 다르지만 이 자실체는 수명이 며칠 밖에 안 되고 나머지는 균사체 형태로 존재합니다.

 버섯은 사람에게 건강한 먹을거리와 약을 주지만 생태계 내에서는 식물을 분해하는 역할을 하지요. 스러진 고목이나 숲에 쌓인 낙엽을 양분으로 재생산하지요.

　우리는 수없이 식물이야기를 하지만 막상 정확히 따지기 시작하면 말문이 막힙니다. 일반적으로 식물은 세포막 바깥쪽에 세포벽이 있고, 엽록소가 있어 광합성을 하므로 독립영양생활을 하며, 대체로 이동 운동을 하지 않지요. 우윳빛의 수정난풀은 분명 식물이지만 엽록소가 없어 기생해 살고 있습니다.

　식충식물은 이동은 할 수 없지만 운동성이 없다고 말해도 될까요? 저처럼 고등식물을 연구하는 사람은 고사리 같은 양치식물 정도는 돼야 식물이라고 생각하지만 조류(藻類)도 식물입니다.

　심지어 이끼 같은 선태류와 대기오염의 지표라고 하는 지의류는 아주 비슷하다고 느껴지지만 전자는 식물로 후자는 균류로 분류하지요. 알고 보면 하등생물일수록 동물과 식물의 경계가 모호하고 심지어 생물과 무생물 여부를 판단하기 어려운 경우도 있다고 합니다.

　저를 비롯한 많은 이들이 빠져들어 헤어나지 못하는 식물 세계도 눈에 보이면서도 완전히 알 수 없어 오묘한데 생물 세계는 가늠하기조차 어렵지요.

　생명이 없어도 마치 살아 있듯 미시적으로나 거시적으로 순환하는 무기환경도 존재하며 이들은 다시 서로 관계를 가지며 엮어가니 우리가 자연 이치를 말하는 것조차 오늘은 막막히 느껴집니다.

 버섯은 사람에게 먹을거리와 약을 주지만 생태계 내에서는 식물을 분해하는 역할을 합니다.

가을
2003

타래난초 1_역발상 생존법

타래난초 2_약삭빠른 진화

식물이 동물보다 한 수 위

흙 뭉치는 석산뿌리 단결상징

북녘 향수에 일찍 물드는 나무들

철 모르는 가을 벚꽃

살 길 찾아 나온 질경이

겨울이 있어 봄이 빛납니다

가을열매 1_열매가 붉은 이유

가을열매 2_고운데 맛이 없는 이유

천선과나무와 벌의 엇갈린 운명

도꼬마리 열매

타임캡슐처럼 땅속에서 보낸 100년의 기다림

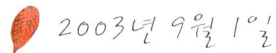
2003년 9월 1일

타래난초 1
역발상 생존법

타래난초

꽃차례를 비비꼬아 곤충이 편하게 꽃 속으로 날아들도록 진화

"어머! 어쩜!" 타래난초를 처음 만나는 사람들의 감탄사입니다. 처음 감탄사는 전혀 뜻하지 않은 장소에서 귀한 것을 발견했을 때의 반가움에서 나옵니다. 야생의 난초라고 하면 우거지고 깊은 숲에서 어쩌다 우연과 행운이 겹쳐 만나는 희귀한 식물이라고 생각했는데, 우리가 사는 공간과 가까운 공원의 너른 잔디밭이나 무덤가, 시골길 옆 자락쯤에서 예상치 못하게 이 풀을 만나는 것에 대한 감격이지요. 두 번째 감탄사는 나사처럼 줄기를 틀며 올라가는 모습과 그 줄기에 끼워지듯이 달려 있는 작고 고운 빛깔의 꽃 모양에 대한 감탄입니다. 보면 볼수록 정교하면서도 고와 눈길을 거두기 어렵지요.

식물의 소중함과 가치는 높아만 가는데 식물을 공부하고 더불어 일할 수 있는 사람들은 점점 줄고 있어 답답하고 안타까운 마음이었죠. 반면 나라 전체로는 청년실업이 늘어난다고 해서 참 이상했습니다. 그런데 타래난초가 살아가는 모습을 보노라니 문득 어렴풋하게나마 그 이유를 알 것도 같았습니다. 비약인 듯싶기도 하지만요.

난초과 식물들은 말할 수 없이 정교한 꽃을 피우며 곤충들과 더불어 발달해가는 대신 서식지 조건은 매우 까다롭습니다. 그러나 타래난초는 우선 살아갈 수 있는 장소를 특별히 가리지 않습니다.

타래난초가 다른 식물들과 다른 특징 중의 하나는 이름 그대로 줄기에서 올라온 꽃차례가 실타래처럼 비비 꼬여 꽃이 달린다는 점입니다. 물론 줄기가 꼬이기로는 타래붓꽃도 있지만 그 정도가 타래난초만큼은 아닙니다.

타래난초는 왜 그런 모습을 하고 있는 것일까요? 우선 한 포기에 작

타래붓꽃

은 꽃들이 모여 달려있는 것이 식물을 찾는 곤충들을 효과적으로 이용하는 데 적합하다는 이야기는 여러 번 했습니다. 대부분의 식물들은 이러한 것을 해결하는 데 옆으로 퍼진 너른 꽃차례를 만듭니다. 하지만 타래난초는 다른 방식을 택한 것입니다.

　타래난초를 드나드는 벌들은 작은 벌이랍니다. 꽃이 옆으로 향해 있어야 꽃가루를 옮겨줄 벌들이 꿀을 찾아 꽃 속으로 들어가기가 좋지요. 그런데 이렇게 꽃을 옆으로 향하게 하면서 다른 식물들과 같은 방식으로 꽃차례를 만들려면 분지를 하고 이들을 모아 지탱하는데 에너지도 많이 소모됩니다. 무엇보다도 한쪽으로 치우쳐 식물이 균형을 잡고 바로 서기에 어렵게 되는 것이지요. 때문에 발상의 전환을 한 셈입니다. 그렇다고 타래난초 꽃 한 송이의 본질이 바뀐 것은 아니니까요.

　남들이 하는 직업 구분이 아니라 스스로 할 수 있는 일과 하고 싶은 일을 먼저 생각하고 찾아보면 세상에 직업은 생각보다 아주 많습니다. 사람은 많은데 필요한 능력을 가진 사람이 없다는 말을 잘 고려해보아야 합니다.

　왼쪽으로 꼬였을까, 오른쪽으로 꼬였을까. 이 역시 유전적으로 고정된 것이 아니라 자유롭습니다. 방식을 하나의 틀에 맞춰 답습하지 않는 것이지요. 첫인상이 여리고 고와 경계심을 풀고 마음을 가깝게 열어주게 되지만 본질이 강합니다. 외유내강인 셈입니다. 타래난초의 치밀함과 정교함, 그리고 본받아서는 안 될 약삭빠름은 아무래도 다음주로 넘겨 얘기해야겠습니다.

2003년 9월 8일

타래난초 2
약삭빠른 진화

타래난초

난균 도움 받아 먼지처럼 작은 씨앗을 틔우고 균사녹여 버려

타래난초, 지난주에 드린 편지를 읽고 가까이에 있는 공원 잔디밭이나 풀숲에서 한번 눈여겨 찾아 보셨나요? 도시에서 어찌 찾겠느냐고요? 아닙니다. 저는 신도시에 살고 있는데 그 한복판 둔덕이 있는 공원에서도 본 일이 있으니까요.

누구에게나 타래난초를 만날 행운의 가능성이 있습니다. 그 확률은 적어도 요즘 유행하는 복권에 당첨될 확률보다 높습니다. 단 식물을 만나겠다는 마음을 먼저 가져야 합니다. 마음을 바꾸어야 그에 맞추어 눈도 새로운 것을 찾아낼 수 있게 되지요.

어떤 이는 이러한 변화에 대해 '식물을 관찰할 수 있도록 모드(mode)를 바꾼다'고 합니다. 물론 그 모드는 작은 식물인지 큰 식물인지, 아니면 곤충인지 화석인지, 그 대상에 따라 적절하게 바뀌어야 겠지요. 이러한 작은 변화로 신기하고 아름답기 이를 데 없는 또 다른 새 세상(자연세상)을 만날 수 있다면 한번 해볼 만하지 않을까요.

모드를 바꾸어 마음을 쏟아내다 보면 타래난초, 그 작은 꽃에 드나드는 작은 벌의 모습도 보이기 시작하고, 이 벌들이 꿀을 빨러 들어왔다가 머리에 리본처럼 얹고 나오는 꽃가루 덩어리도 보이고, 그러다 보면 도대체 이들이 어떻게 덩어리째 붙는지 꽃의 구조가 궁금해지지요. 이 정도의 관찰과 호기심이 있다면 정말 훌륭한 과학자가 될 가능성이 큽니다. 이 화분덩어리(화분괴라고 부릅니다)가 꽃에 들어가는 벌의 몸체와 꼭 맞게 세팅되어 양면테이프를 이용한 듯 붙어 있다가 뒷걸음치는 벌과 함께 끌려나오는 모습과 과정을 알고 나면 절로 무릎이 탁 쳐집니다.

타래난초를 비롯한 난초과 식물들이 가장 진화했다는 다양한 근거를 하나하나 알아갈 때마다 놀라지만 때론 그 약삭빠름이 마음에 걸립니다. 타래난초과 식물들은 씨앗이 먼지처럼 작습니다. 그래서 씨앗에는 싹을 틔워 자력으로 양분을 만들 때까지 공급할 양분이 부족합니다. 대신 씨앗이 땅에 떨어지면 난균이라는 곰팡이균의 도움을 받아 균사를 통해 양분을 공급받지요.

 사람들은 이러한 관계를 공생(共生)으로 보고 공생균이라고 하지만 초록 잎이 펼쳐지고 나면, 즉 스스로 광합성을 하여 더 이상 균들의 도움이 필요 없게 되면 타래난초의 태도가 돌변하여 자신의 몸에 침투된 균사를 녹여 관계를 정리합니다. 드라마에 많이 나오는 이야기 같지요. 평소 난균은 난초가 없더라도 토양의 다양한 유기물을 분해해 독자 생활이 가능하지만 난초는 그렇지 못함을 생각해보면 이들의 관계는 일방적인 착취로 보입니다. 혹 모르겠습니다. 아직 우리가 알지 못한 그 어떤 주고받음이 그들 사이에 있을지는.

비비 꼬이며 핀 타래난초 꽃

 산길에 벌써 도토리가 떨어지기 시작합니다. 잔뜩 양분을 담은 도토리를 만드느라 애쓰고, 그나마 다람쥐나 사람들에게 빼앗기고, 그것이 안타까워 탄닌으로 떫은맛을 내느라 애쓰는 참나무들을 올려다보며, 숲 속의 난초들은 미련하다고 비웃고 있을지 모르겠습니다. 얄미울 정도로 정교하고 치밀한 타래난초보다 오늘 또 그 우직한 참나무가 마음을 잡습니다.

 타래난초의 꽃가루 덩어리가 벌의 몸체에 꼭 맞게 붙어 있다가 뒷걸음치는 벌과 함께 끌려나오는 과정을 알고 나면 절로 무릎이 탁 쳐집니다.

2003년 9월 15일

식물이 동물보다 한 수 위

35억년을 살아온 식물의 DNA 수가 동물보다 많아

추석 연휴를 잘 지내셨는지요? '더도 말고 덜도 말고 한가위만 같아라' 라고 말하지만 농사와 나랏일을 좋게만 느끼기에는 어려운 일이 주변에 너무 많은 듯합니다.

　추석이라면 떠오르는 식물은 무엇일까요. 우선 달맞이를 하러 나온

'달맞이꽃'이 생각되지만 이 풀은 이 땅에 산 역사가 백 년이 될까 말까 한 귀화식물입니다. 달에 토끼와 함께 살고 있다는 '계수나무' 역시 동요에도 나오는 아주 친근한 나무이지만, 중국이나 일본에 뿌리를 두고 문화적인 공유를 하고 있을 뿐 우리나라엔 자생지가 없지요.

소나무 정도가 추석에 먹는 송편과 관련해 온전히 추석과의 관계를 내세울 만 합니다. 송편은 떡을 찔 때, 솔잎을 깔아서 이름이 '송편'이랍니다. 추석이 다가오면 마을 뒷산에서 솔잎을 따며 명절을 준비하던 기억이 생생한 사람이 주변에 많습니다.

송편에 솔잎을 까는 이유는 무엇일까요. 향기가 좋으라고? 그런 이유도 있지만 무엇보다 솔잎을 깔고 찌면 떡이 잘 상하지 않기 때문이랍니다. 물론 솔잎에서 나오는 성분 때문이지요. 솔잎이 신선의 음식이라 하여 한때 선풍을 일으키기도 했지요. 여기에 힌트를 얻어 솔잎 성분을 연구하는 이도 많습니다.

어디 솔잎뿐이겠습니까. 천연물에서 질병을 고치는 약을 개발하려는 연구가 활발합니다. 특히 동물에서보다 식물에서 그 약을 찾는 경우가 훨씬 많지요. 만물의 영장이라고 자부하는 인간을 포함한 동물도 아니고, 사람이나 제도가 제대로 기능을 하지 못할 때 '식물국회'니 '식물인간'이니 하면서 폄하하는 그 식물에게서 말입니다.

생물이 스스로 행동하고 조절하고 생각하는 모든 것에 관여한다는 DNA, 대부분의 분들이 당연히 동물에게 더 많다고 생각하겠지만 사실은 식물이 훨씬 많답니다. 햇빛과 물과 산소로 양분을 만들어 스스로 살아가는 독립영양체가 되기 위해 존재하는 유전자, 이동하지 못해 한 자리에서 환경변화에 적응하면서도 자손을 퍼뜨려야 하니 그

각각의 상황에 대응하는 복잡한 메커니즘과 관련된 유전자, 동물에게 잡아먹히니 동물과의 관계를 유지해 나가기 위한 노력에 관여되는 유전자 등. 곤충을 유인하기 위한 꽃의 다양한 행태도 그 하나일 것입니다. 그러니 수많은 과학자가 질병과 같이 사람에게 닥친 문제를 풀기 위해 식물 연구에 매달리는 것은 당연하지요.

구태여 DNA 숫자 같은 것으로 증명하지 않아도, 쏟아붓는 빗줄기에 속수무책으로 가슴앓이 하는 농부를 보아도, 여의도에서 정치인들이 원색적인 말과 행동을 하는 것을 보아도 식물은 동물보다 한수 위인 것 같습니다.

생물이 스스로 행동하고 조절하고 생각하는 모든 것에 관여한다는 DNA, 대부분의 분들이 당연히 동물에게 더 많다고 생각하겠지만 사실은 식물이 훨씬 많답니다.

🍂 2003년 9월 22일

흙을 뭉치는 석산 뿌리는 단결 상징

석산

사방으로 촘촘하게 뻗은 뿌리의 결속력이 둑을 탄탄하게 고정시켜

아침저녁으로 느껴지는 선뜩한 기운이 아니어도, 하루가 다르게 빨리 찾아오는 밤이 아니어도, 가을이 왔음을 압니다.

이미 계수나무 잎 빛깔이 변하고 예의 그 달콤한 솜사탕 냄새가 국립수목원에 가득 퍼집니다. 예전에 계수나무가 풍겨내는 가을향기에 대해 말씀드린 것 기억나시는지요. 담장을 타고 올라가는 담쟁이덩굴 잎도 이미 절반은 붉은 빛깔을 냅니다. 피는 꽃도 국화과 일색이네요.

이즈음이면 생각나는 꽃이 있는데 바로 '석산'입니다. '꽃무릇'이라는 이름으로 더 유명한 석산은 전남 함평이나 전북 고창 지역 절 주변 숲에 헤아릴 수 없이 많은 꽃을 피워 숲을 온통 붉게 만듭니다. 그래서 이때쯤 '꽃무릇 축제'도 열려 많은 사람들이 그 꽃을 보고 감탄하지요. 얼마 전 소개한 상사화와는 자매 같은 식물입니다. 물론 상사화처럼 꽃이 필 때는 잎이 없습니다. 그래서 더러 석산을 상사화로 잘못 아는 이도 있습니다.

석산은 여름내 튼튼히 알뿌리에 양분을 저장했다가 기온이 내려가는 것을 신호로 꽃을 피우고 지금쯤 그 절정에 이릅니다. 사실 석산이 숲 가득 피어 있는 것을 보면 이 식물이 우리나라 꽃이라고 생각하기 쉽지만 사실은 들여와 심은 식물이랍니다. 그 근거로 석산도 상사화처럼 절 주변에만 있고, 씨앗을 맺지 못하는 점을 듭니다. 염색체가 배수체이지요. 물론 세상에 있는 석산과 상사화가 모두 그런 것은 아닙니다. 외부에서 도입됐다고 생각되는 우리나라와 일본의 것은 그러하지만 중국이 고향인 것은 씨앗을 맺습니다.

그런데 이 석산이 지금 여겨지는 것은 가을 초입을 장식하는 꽃이어서가 아닙니다. 그 꽃의 축제가 생각나서는 더더욱 아닙

잎이 스러지고 꽃대만 올라와서 피어난 석산 꽃

니다. 온 나라가 가을 태풍으로 인한 수해로 마음 아플 때, 석산의 뿌리가 흙을 붙잡고 있는 힘이 생각났기 때문입니다.

 석산은 구근이 있고 그 밑에 뿌리가 달립니다. 태풍이 불고 장마가 져서 물이 넘치고 흙더미가 무너질 지경이 되면 구근이 뜨게 되는데 이러한 상태가 감지되면 사방으로 뻗은 뿌리들의 조직이 촘촘하게 줄어들면서 흙을 뭉치는 효과를 내 둑이 무너지는 것을 막아주지요. 석산은 자신이 살아가는 땅이 무너지면 살아갈 수 없다는 것을 알고 스스로를 지키기 위해 이런 행동을 합니다. 정말 어렵지만, 모든 이가 단결해 땅을 지키는 석산의 뿌리처럼 마음을 합하면 피폐한 땅이 차츰 본래 모습으로 돌아올 것이라고 믿어봅니다. 힘내십시오.

석산의 알뿌리와 잎

 석산은 상사화와는 자매 같은 식물이며 상사화처럼 꽃이 필 때는 잎이 없습니다. 그래서 더러 석산을 상사화로 잘못 아는 이도 있습니다.

2003년 9월 29일

북녘 향수에
일찍 물드는 나무들

자작나무 숲

추운 고향에서의 습성을 그대로 물려받은 낙엽수들

가을은 고향을 생각하게 하는 기간인 듯합니다. 눈물이 날 정도로 청명한 하늘을 이고 익어가는 벼나 과일들이 있어 그렇고 명절을 맞은 수많은 이들이 돌아갈 훈훈하고 포근한 고향을 떠올리게 하기 때문이겠지요.

요즘 매스컴 한쪽에서는 조국에 실망하거나 살기 힘들어서 이 땅을 떠나겠다는 사람들이 폭발적으로 늘고 있다고 하고, 한쪽에서는 이념을 달리해 이국에 오랫동안 살던 분들이 고향을 찾아온다고 합니다. 고향이란 혹은 조국이란 어떤 의미일까요?

나무들은 어떨까요. 제가 편지를 쓰고 있는 광릉 숲에서 이미 계수나무, 자작나무가 노랗게 물들고 있습니다. 그런데 왜 나무마다 가을을 맞이하는 혹은 겨울을 준비하는 시기와 모습이 다를까요. 한 장소에서도 나무마다 시기가 다르고 한 나무에서도 잎의 위치에 따라 다르지요. 한 나무의 가을이 가지 끝에서 시작되는 것은 그곳이 왕성하고도 섬세하기 때문일 것입니다.

하지만 나무마다 다른 것은 왜일까요. 각기 개성이라고 여기기에는 뭔가 부족합니다. 얼마 전 눈의 고장인 북해도(계수나무의 고향입니다)에서 만났던 계수나무, 그리고 지난해 러시아의 동북쪽 끝인 캄차카에서 만났던 자작나무, 그보다 더 몇 해 전 백두산 초입에서 가슴을 서늘케 했던 순결한 자작나무 숲을 회상하며 그 나무들의 고향이 추운 북쪽이라는 것에 생각이 미쳤습니다. 추운 곳에서 겨울을 빨리 준비하는 일은 당연할 것입니다. 고향을 떠난 지 수십 년이 넘고 더러는 2대, 3대를 거쳐 내려온 나무들이지만 일찍 가을을 맞이하는 본능을

계수나무 잎

잃어버리지 않고 있는 것이지요.

물론 식물들이 고향만을 고집하며 변치 않는 것은 아닙니다. 우리나라 사람들을 먹여 살리는 벼의 고향도 따지고 보면 동남아시아이니까요. 벼가 얼마나 환경에 맞게, 목적에 적합하게 발전(?)을 거듭했는지에 대해, 또 야생 벼가 어떤 종인지에 대해 논란이 많다가 최근에 벼의 DNA 염기서열을 완전히 밝히고서야 해답을 정확하게 찾아냈다는 뒷이야기도 들립니다. 우리가 사랑하는 우리나라 꽃 무궁화도 사실 자생하고 있는 정확한 고향을 잘 모릅니다. 그래도 우리는 무궁화를 나라의 상징으로 삼아 태극기 깃대에도 꽂고 국회의원 배지에도 그려 넣었습니다. 한 꽃의 수명이 하루뿐인 무궁화가 피고 지어 또 피어 이어지듯 우리나라가 무궁하길 기원하며 노래도 합니다.

고향을 떠나거나 다시 찾는 모든 이들도 벼처럼, 무궁화처럼 새로운 세상의 주인이 되면서도 고향 땅의 본질을 잊지 않았으면 한다면 너무 큰 욕심인가요. 오늘, 맑은 가을 기운을 온몸으로 느끼며 국립수목원 나무숲으로 산책을 떠나거들랑 먼저 물드는, 그리고 먼저 낙엽이 지는, 추운 북쪽이 고향인 나무들을 찾아보아야겠습니다. 쓸쓸해하거들랑 그 나무 아래 잠시 머물까 합니다.

계수나무, 자작나무 말고도 잎갈나무가 떠오르네요. 제가 미처 생각하지 못하더라도 그 나무들이 저를 부를 것 같습니다. 노란 혹은 붉은 잎을 가을바람에 팔랑이며 말입니다.

2003년 10월 6일

철모르는 가을 벚꽃

가을에 핀 산철쭉

춥다가 갑자기 따뜻해지면 봄이 온 줄 착각하여 꽃을 피워

날씨를 예측해 무엇을 말하고 계획하는 일은 점점 어려워질 것 같습니다. 모질게 내리던 지난여름의 장마비, 상상을 넘어서는 위력으로 삶의 터전을 강타한 태풍이 준 상처가 채 가시지도 않았는데 어느 날 문득 기온이 뚝 떨어지고 얄밉도록 청명한 가을날이 계속됩니다. 하루 내린 빗자국에 가을이 성큼 다가서고 하는 것이 바로 요즘 날씨이지요.

이 편지를 쓰는 날이면, 국립수목원 정원을 한번 천천히 걷습니다. 최소한 일 주일 정도의 변화를 마음먹고 느끼는 셈입니다. 그 시간이 참 좋습니다. 이번 산책에 보니, 한 주 사이에 물들기 시작한 잎들이 갑자기 많아졌습니다. 복자기나무, 당단풍나무, 담쟁이덩굴 등. 푸른 잎 사이에 이미 붉어진 잎이 제법 많이 보입니다.

그런데 산림박물관 앞 벚나무 가지 몇 개에 벚꽃이 피어 있지 않겠습니까? 가을에 말입니다. 얼마 전 청주에 벚꽃이 많이 피어 그 이유를 물었을 때만 해도 다른 곳 얘기여서 실감이 잘 나지 않았는데 바로 제 눈앞에서 그런 일이 일어나고 있으니 참 신기하더군요. 그러고 보니 아주 오래 전 문예전에 당선된 글 중에 '미친 개나리'란 제목을 본 기억이 납니다. 봄이 아닌 가을에, 즉 때가 아닌데 피어난 노란 개나리꽃을 두고 붙여진 제목이었지요.

도대체 세상에 없던 이런 일이 왜 일어날까요? 일부에선 지구 환경이 큰 어려움을 당하고 기후에 이상 변화가 생기면서 나타난 일이라며 풍선처럼 부풀려 얘기합니다. 그러나 앞서 말한, 때 아닌 개나리들의 개화는 이미 오래 전부터 나타난 현상입니다. 좀 냉정히 생각할 필요는 있다는 것이죠. 하지만 때 아닌 개화와 이상기온이 관련이 없다고는 말할 수 없으니 때 아니게 개화하는 꽃이 많다면 날씨가 정상이 아니라는 얘기일 수는 있지요.

이유를 알고 보니 제가 오늘 본 가을에 핀 벚꽃은, 말하자면 착각의 산물입니다. 여름에서 가을이 서서히 이어지지 않고 줄곧 덥다가 갑자기 추워지니까 봄철에 맞는 찬 기온으로 착각해 꽃을 피워낸 것입니다. 사람들은 이러한 특성을 연구해 '춘화처리'라고 부르는 저온처리를 통해 연중 꽃이 피도록 유도하기도 합니다.

가을에 핀 개나리 꽃

 그런데 좀 이상하지 않으세요? 겨울이 춥지, 아무려면 봄이 더 춥겠습니까. 봄꽃이 추운 겨울에 가만있다가 덜 추운 봄에 찬 자극을 받아 개화를 한다니 말입니다. 그 이유는 겨울에는 휴면 상태이기 때문에 느끼지 못하는 것이지요. 또 하나, 왜 같은 벚나무인데도 일제히 꽃을 피우지 않고 같은 나무라도 가지마다 다른 이유는 무엇일까요? 사람마다 더위 타는 사람, 추위 타는 사람이 있듯이 같은 나무라도 유난히 민감한 나무가 있지요. 때를 착각하고 피는 꽃은 매우 위험합니다. 겨울을 준비해야 할 이 마당에 연하디 연한 꽃잎을 펼쳐냈으니 말입니다. 찾아줄 곤충도 줄고, 꽃의 본래 목적인 결실로 이어질 확률도 거의 없는 듯합니다.

 너무 어려운 세상, 적당히 둔감해야 심신이 편한 것은 나무나 사람이나 마찬가지인가 봅니다.

 가을에 핀 벚꽃은 착각의 산물입니다. 여름에서 가을이 서서히 이어지지 않고 줄곧 덥다가 갑자기 추워지니까 봄철에 맞는 찬 기온으로 착각해 꽃을 피워낸 것입니다.

2003년 10월 13일

살 길 찾아 나온 질경이

질경이

만신창이가 되더라도 척박한 길가에서 자유를 찾은 질경이

하늘은 청명하고 가을 기운은 맑기만 한 요즘, 사람들은 살아가기가 참 어려운 모양입니다. 나무나 풀을 보고 살아가는 저희같은 사람들은 세상살이에 둔한 편인데도, 답답하고 불안한 마음이 가득한 걸 보면 말입니다. 새로이 취업을 하는 젊은이들이나 하던 일이 잘 되지 않아 걱정이신 분들에게 질경이의 사는 법이 도움이 되지 않을까 싶습니다.

질경이는 주로 길 가장자리에 사는 여러해살이 풀입니다. 예전엔 길섶이나 공터 주변에서 쉽게 만나는 잡초였지만, 요즘엔 이 풀이 이러저러한 병에 효과가 있다는 소문이 나서 찾는 이들이 많습니다. 그러나 막상 도시에서는 그마저도 만나기가 쉽지 않은지, 문의가 많은 식물이기도 합니다.

질경이는 생약명으로 차전자(車前子)라고도 합니다. 차 바퀴 앞에서 주로 볼 수 있는 풀이며 주로 씨앗을 약으로 쓰므로 아들 자(子)가 붙은 것이지요.(열매나 씨앗을 먹거나 약으로 쓰는 식물에 흔히 '자'자가 붙습니다. 오미자, 구기자, 사상자 등처럼 말입니다.) 얼마나 길 옆에 나앉아 자라면 그런 이름이 붙었을까요.

질경이가 이런 곳에 살게 된 것은 나름대로의 선택과 적응을 해온 결과입니다. 질경이로서도 기름진 땅과 적당한 습기가 보장된 안락한 숲 속이 더 좋지 않았을까요. 하지만 숲에서는 수많은 경쟁자들이 치열하게 살아가고 있지요. 같은 공간에서 사는 풀들을 이기더라도 그 위에는 볕을 가리는 큰 나무들이 가득합니다. 이러한 치열함 속에서 경쟁하기에는 상대적으로 작고 보잘것없는 질경이는 불리하기 이를 데 없습니다.

그래서 질경이는 과감히 그곳을 탈출해 길로 나왔습니다. 물론 길에선 사람과 차들에게 밟힐 위험이 높고 땅도 밟히고 다져져서 딱딱하고 척박하지만, 대신 경쟁자 없이 햇볕과 땅을 충분히 차지할 수 있는 이점이 있지요. 물론 이러한 환경에 적응하기 위해 적절한 노력이 뒤따릅니다. 수많은 발자국에 견딜 수 있도록 바닥에 납작하게 퍼진 잎은 줄기와 더불어 질기고 유연하여 쉽게 꺾이지 않습니다.

창질경이

종자를 퍼트리는 데는 오히려 이 무시무시한 발자국을 이용하기도 합니다. 잘 익은 열매 하나하나는 마치 캡슐처럼 되어 있어서 누군가 밟으면 팍하고 뚜껑이 열려 그 속에서 수많은 씨앗이 쏟아져 나옵니다. 씨앗은 작지만 납작하여 아무리 밟혀도 찌그러지지 않고 바닥에 잘 퍼집니다. 땅속의 습기가 전달되면 씨앗에서 끈적이는 성분이 나와 사람들의 신발이나 차의 타이어 사이에 잘 붙어 멀리 퍼져나가게 됩니다. 주어진 조건에 안주하지 않고, 다른 세상을 찾아 나와 적응한 질경이. 그야말로 어려움을 기회로 삼아 보잘것없이 보여도 강인하고 지혜롭게 살아갑니다.

흔히 산에 잘 다니는 이들은 산에서 길을 잃고 헤매다가 일단 질경이를 발견하면 안도의 숨을 쉽니다. 이 질경이를 따라 내려오다 보면 반드시 길로 이어지기 때문입니다. 오늘 이 질경이 이야기가 그렇게 어려움 속에 있는 이들이 길을 찾아가는 작은 계기가 되었으면 싶습니다. 제가 할 수 있는 일이 이것뿐이네요.

 질경이의 씨앗은 작지만 납작하여 아무리 밟혀도 잘 터지지 않으며 땅속의 습기가 전달되면 씨앗에서 끈적이는 성분이 나와 사람들의 신발이나 차의 타이어 사이에 붙어 멀리 퍼져나갑니다.

2003년 10월 20일

겨울이 있어 봄이 빛납니다

툴립

겨울추위는 죽을 것은 죽고 살아남을 것은 살게 하는 자연의 엄혹함

비가 한번 내리더니 기온이 뚝 떨어졌습니다. 변함없는 계절의 순환에 새삼 놀랍니다. 옷 속을 뚫고 들어오는 찬 기운이 아주 서늘하게 느껴집니다. 단풍소식이 들려오기 시작하는 듯싶더니 강원 산간에는 벌써 얼음이 얼었다고 합니다. 마음도 일도 겨울을 맞을 준비가 돼 있지 않아 조급함이 앞섭니다.

  닥쳐올 겨울에 대한 걱정은 숲 속 생물도 우리와 마찬가지일 것입니다. 가을에 보이는 단풍, 낙엽, 결실 등과 같은 현상이 모두 생물들의 걱정을 표현하는 형태라고 말해도 과언은 아니지요. 겨울 없이 지낼 수 있으면 좋겠다는 생각이 들지만, 너무 가혹하지만 않다면 꼭 그런 것은 아닙니다. 겨울 추위는 죽을 것은 죽고, 살아남을 것은 살아남아 전체적으로 자연의 균형을 만드는 메커니즘일 수 있으니까요.

겨울이 없다면, 아시아를 강타한 '겨울연가'와 같은 드라마가 탄생하지 못하는 섭섭함 말고도 문제될 일이 많습니다. 당장 해충들이 너무 번성해 숲 속의 나무나 가로수는 물론 우리 식량까지 위협할 수 있지요.

단순히 생각해 날씨가 따뜻하다면 식물이 생장하기에 적합해 언제나 초록잎과 꽃들을 만날 수 있겠구나 싶지만 그렇지도 않습니다. 적어도 겨울추위를 겪으면서 적응했던 진정한 온대식물들은 따뜻한 열대지방에 옮겨놓으면 잘 자라지 않습니다. 물론 처음부터 따뜻한 나라에 살던 식물들은 또 그 환경에 적응하는 메커니즘이 다르니 별개이지만요.

봄에 수선화나 아마릴리스 같은 식물을 화분에 심어 꽃을 잘 감상했는데, 이를 그냥 따뜻한 아파트 안에 두면 다시 꽃이 잘 피지 않거나 심지어 한번 시든 잎이 다시 올라오지 않는 것을 경험한 분들이 있을 것입니다. 사과나 배와 같은 온대 과일을 온실에서 키운다면 사철 내내 생산이 잘 될까요? 처음에는 쑥 클지 모르지만 이내 정상적인 생활을 하기 어려워집니다.

봄이 돼 눈(芽)이 터지고 새싹을 만들며 혹은 꽃을 피우며 식물이 자라나는 데는 따뜻한 봄 기온뿐 아니라 겨울추위라는 자극이 반드시 필요하지요. 이것이 식물들이 스스로의 때가 왔음을 인지하는 방법입니다.

아네모네

모진 겨울을 잘 견디는 것은 당연히 받을 어려움이 오지 말기를 바라는 것이 아니라 어떤 추위에도 잘 견딜 수 있을 튼튼한 자신을 만드는 일이며 이를 미리 준비하는 일입니다. 나무들은 지금 여린 싹을 감쌀 단단한 껍질을 만들고, 추위가 스며들 약한 곳을 차단하기 위해 낙엽을 떨어뜨리고, 얼지 않도록 수분농도를 낮추고 당분 농도를 높이는 등 바쁘게 움직입니다. 이러한 이치가 어디 식물뿐이겠습니까. 사람살이와 나아가 기업과 나라도 마찬가지일 것 같습니다.

내년 봄에 아름다운 수선화 꽃을 보고 싶다면 잎이 시들어 버린 뿌리를 신문지 같은 것에 싸매고 나서 서늘하고 어두운 곳에 보관해 주십시오. 그 어려운 시간이 자극이 돼 찬란한 봄을 맞이할 수 있도록 말입니다.

 봄이 돼 눈이 터지고 새싹을 만들며 혹은 꽃을 피우며 식물이 자라나는 데는 따뜻한 봄 기온뿐 아니라 겨울추위라는 자극이 반드시 필요하지요.

🍂 2003년 10월 27일

가을열매 1
열매가 붉은 이유

누리장나무 열매

탐스런 붉은 빛 열매는 새들의 겨울 양식

붉디붉은 단풍에 홀려 넋이 나갈 지경입니다. 광릉 숲은 지금 그 가을 빛의 향연으로 마음을 잡아두기 어려울 정도지요. 모두들 단풍에만 눈이 가 있습니다.

하지만 그 숲 속 나무들 사이에는 선명함이나 고운 붉은 빛이 단풍에 절대 뒤지지 않는 많은 열매가 있습니다. 백당나무 열매는 이미 오래 전에 색깔을 드러냈고, 화살나무 열매들은 마치 잎이 붉은지 열매가 붉은지 내기를 하는 듯합니다. 이제 곧 잎은 낙엽이 돼 사라지겠지만 열매만큼은 오래 매달려 겨울을 맞이할 것입니다.

열매 빛깔로 치자면 독특한 것들이 아주 많지요. 보라색 작살나무도 특별하고, 자줏빛과 까만 열매가 멋지게 어우러진 누리장나무도 그러하고…. 그러나 누가 뭐래도 열매는 붉은 빛깔이 단연 많습니다.

왜 그럴까요. 자연 속에는 괜히 그렇게 된 것이 없으니 그 이유가 궁금합니다. 우선 붉은색은 눈에 아주 잘 띄는 색깔입니다. 특히 단풍이 들기 전 푸른 나무에 달린 붉은 열매의 모습이나 자금우나 백량금 열매처럼 상록수의 초록 잎새와 어우러진 모습은 대표적인 보색 대비이지요. 이런 붉은색은 사람의 눈뿐 아니라 새들의 눈길도 확실하게 끕니다. 흔히 투우를 할 때 붉은색의 천을 휘날리지만 사실 소는 붉은색을 제대로 인식하지 못합니다. 그러나 새들은 사람처럼 아주 선명히 잘 봅니다.

그 근거로는 이른 봄 혹은 추운 겨울 동박새의 힘을 빌려 꽃가루받이를 하는 동백나무의 꽃잎이 얼마나 붉은지를 생각해 보면 알겠지요. 또 자신의 알을 다른 새의 둥지에 넣어 키우는 대표적인 탁란새인 뻐꾸기 새끼들을 보면, 먹이

좀작살나무, 사철나무, 호랑가시나무 열매
(위에서부터)

를 달라고 벌리는 입 속이 붉은색이랍니다. 어수룩한 가짜 어미들은 이 뻐꾸기 새끼들의 입속 붉은 색깔을 보면 먹이를 주어야 한다는 충동을 느끼는 것이지요.

나무마다 조금씩 다르기는 하지만, 붉은 빛깔로 어서 먹으라고 새들을 자극한 열매는 무른 과육만 소화가 되고 대부분 딱딱한 씨앗은 소화되지 않은 채 배설됩니다. 나무 중에는 그냥 나무에서 열매가 떨어지면 씨앗이 잘 발아되지 않지만 새의 몸을 통과하면서 씨앗에 묻어 있던 발아억제 물질이 없어져, 혹은 모래주머니에 씨앗 껍질이 깎여 쉽게 싹이 틉니다. 왜 우리도 나무 씨앗을 심을 때 딱딱한 껍질을 가진 것은 표피에 상처를 내서 심지 않습니까. 같은 이치지만 자연에서는 새의 도움을 받는 것이지요.

씨앗이 섞인 배설물은 그 씨앗이 자라는데 필요한 양분 역할을 하기도 합니다. 이런 사이에 씨앗은 부모나무와 양분과 볕을 경쟁해야 하는 운명을 피해, 그리고 좀더 넓은 세상을 향해 떠나가게 되는 것입니다.

가을이 깊어 갈수록, 동글동글 반질반질 아름답게 익어가는 빨갛고 붉은 열매들, 하도 탐스러워 하나 따서 입에 넣어보면 실망스럽게도 그리 맛있지 않습니다. 이렇게 고운 빛깔을 만들면서 맛을 내지 않는 이유는 무엇일까요. 아쉽게도 점점 짧아지는 가을 햇살처럼 지면이 다했으니 다시 한 주를 기다려야겠습니다.

 보라색 작살나무 열매나 까만 누리장나무 열매도 독특하고 예쁘지만 가을 열매는 붉은색이 단연 우세합니다.

2003년 11월 3일

가을열매 2
고운데 맛이 없는 이유

백량금 열매

맛도 영양도 별로 없이 빛깔만 붉은 열매를 만드는 이유

붉은 열매 가운데 사과나 딸기, 월귤 등은 맛이 좋습니다. 우리가 흔히 명감나무 혹은 망개나무(진짜 망개나무라는 나무는 따로 있습니다)라고 부르는 청미래덩굴도 그럭저럭 들쩍지근한 맛을 냅니다. 시골에서 자란 분들은 뒷산을 누비며 그 열매를 따먹던 기억을 떠올리실 것입니다. 반짝이는 겉모습과 달리 씹으면 푸석한데도 자꾸만 손이 가던 그 열매 말입니다.

하지만 백당나무, 자금우, 백량금, 덜꿩나무, 화살나무, 매자나무, 피라칸사, 그리고 크리스마스 장식에 많이 쓰는 호랑가시나무 같은 나무의 열매는 아무리 먹음직스럽고 빛깔이 고와도 아무도 먹지 않습니다. 맛이 없기 때문이지요. 약으로 먹으면 몰라도요.

붉은 빛깔을 사람처럼 잘 보는 새들은 어떨까요? 나무 열매가 겨우내 오래도록 남아 있는 것으로 보면 새들도 즐겨 먹지 않는다는 것을 짐작할 수 있습니다. 도토리처럼 떫고 맛이 없어도 영양가만 있다면 비상식량으로라도 쓸 텐데, 이들 열매엔 양분과 수분도 적습니다. 맛도 영양도 별로인데 나무는 왜 구태여 붉은 열매를 만들어 새들을 자극할까요.

언제나 하는 얘기지만 말을 할 수 없는 식물의 행태와 그 이유에 대해서는 과학적인 근거로 추정해 볼 수밖에 없습니다. 정답을 꼭 집어 말하기는 힘들지만 여러 이유들을 생각해 볼 수 있지요.

우선 열매를 보기 좋게 하고 맛과 영양가도 있게 하려면 너무 많은 에너지가 소요되므로, 포장과 내용이 모두 좋은 상품이 아닌 겉모습만 번듯한 열매를 만들어 눈속임을 하는 것이라는 의견이 있습니다.

좀더 유력한 다른 가설로는 열매를 만드는 생산 원가를 줄이기 위해서가 아니라 일부러 맛없는 열매를 만든다는 것이지요. 보기도 좋고 맛도 좋으면 새들은 열매가 익기 무섭게 한꺼번에 몰려들어 모두 먹어 치우고, 비슷한 시간과 장소에서 한꺼번에 많은 양을 배설하게 된다는 것이지요. 따라서 열매 속 씨앗들이 두고두고, 멀리멀리, 고루고루 퍼지는데 유리하지 않다는 것이지요. 열매에 약간의 독성을 넣어 조금씩 먹으면 괜찮지만 많은 양을 먹으면 탈이 나도록 하는 나무가 있는 것을 보면 후자의 가설이 꽤 설득력이 있습니다.

빨간 열매를 보고 먹으러 갔다가 맛이 없어 이내 그 자리를 떠났지만 이내 다시 붉은 색깔에 유혹을 받아 다시 찾는 것을 반복하는 것이지요. 더러는 열매를 먹지 않고 삼켜버리기도 하고요. 이런 방식으로 새들의 '방문'을 조절해 씨앗들이 멀리 퍼지도록 합니다.

달고 즙이 많은 열매들은 왜 이런 걱정이 없는 것일까요. 벚나무 열매인 버찌를 보면 그 이유를 짐작할 수 있습니다. 나

찔레꽃, 주목, 산수유 열매(위에서부터)

무 스스로 열매가 익는 시간을 차이를 두고 조절합니다. 한 줄기에서도 과일이 익는 속도를 조절해 붉기도 파랗기도 노란빛을 띄기도 하는 열매가 다양하게 달려 있는 것을 어렵지 않게 볼 수 있습니다.

왜 그렇게 제각각이냐고요? 사람도 살아가는 방식이 모두 다르지 않습니까. 국회에 계신 분들만 봐도 같은 일을 두고도 완전히 다른 해석과 주장이 난무하는 요즘, 다르다는 것의 의미를 다시 한번 생각하게 됩니다.

2003년 11월 10일

천선과나무와 벌의 엇갈린 운명

천선과나무

식물과 곤충의 엇갈린 운명이 존재하는 천선과나무의 꽃주머니

곱던 단풍도 저물고 바람 한 자락에 낙엽이 우수수 떨어집니다. 낙엽을 밟으며 걷는 느낌 때문에 광릉 숲 속의 산책길에 더욱 애착이 갑니다. 하지만 이제 가는 계절에 대한 미련을 떨쳐 버려야 할 때가 된 것 같습니다.

이즈음에는 남쪽 바닷가로 발길을 돌려도 좋습니다. 아무도 찾는 이가 없는, 쓸쓸하기 짝이 없는 그런 바닷가 말입니다. 이런 곳엘 가면 언제나 만나는 나무가 있는데 바로 천선과나무입니다. 무화과나무와 형제지간일 정도로 아주 가까운 나무이지만 이름을 아는 이는 드뭅니다. 하긴 곁에 서 있는 나무나 풀에게도 눈길 한번 주기 어려운 세상에 먼 바닷길에서 만난 나무에까지 마음을 주고 사는 이는 그리 흔치 않을 것입니다.

우리가 남쪽 여행길에서 만나는 천선과나무는 보통 사람 키 정도 됩니다. 무화과나무 집안은 본래 고향이 더운 나라여서 상록성인 것이 많지만 천선과나무는 낙엽수입니다.

하지만 한번 알고 나면 어디서나 금세 알아볼 수가 있는데 바로 둥근 열매 때문이지요. 어릴 때 갖고 놀던 구슬 크기의, 검기도 하고 자줏빛이기도 한 열매 표면에는 점이 많이 보입니다. 물론 무화과처럼 달지는 않아도 먹을 수는 있어서 아이들이 놀이 삼아 따먹지요.

무화과처럼 천선과나무도 우리 눈에 활짝 핀 꽃이 보이지 않을 뿐, 숨어서 꽃을 피웁니다. '꽃주머니(花囊)'라고 부르는 둥근 구조 속에 꽃들이 들어 있습니다. 암그루와 수그루가 따로 있는데 암꽃과 수꽃이 각기 다르지요. 수꽃의 꽃가루가 암꽃의 암술머리에 닿아야 꽃가루받이가 되고 꽃주머니는 그대로 열매가 됩니다.

그런데 어떻게 구멍이 아주 작은 주머니 속에서 꽃가루가 나와 다른 그루에 닿을까요?

'광릉 숲에서 보내는 편지'를 즐겨 읽으시는 분은 이미 짐작하

천선과나무 열매

겠지만 곤충의 힘을 빌립니다. 아주 작은 벌의 일종이랍니다. 수나무의 꽃주머니가 점차 붉은색이 되어갈 즈음, 그 속에서는 산란되어 있던 벌의 유충에서 수벌이 암벌보다 먼저 어른이 돼 주머니 속을 돌아다니며 아직 제대로 움직이지 못하는 어린 암벌과 차례로 교미합니다.

하지만 사람들이 자행하는 원조교제와는 차원이 다릅니다. 수벌은 자신의 임무를 다 하고 나면 주머니 속의 바깥세상을 한번 구경도 못하고 그 안에서 자신의 짧은 생애를 마감하니까요. 이 즈음 주머니 속이 조금 열리고, 맑은 공기가 들어오고 나면 암벌이 완전히 깨어납니다. 때를 같이해 수꽃이 피어, 날개를 펴고 세상을 향해 날아가는 암벌의 몸에 꽃가루를 묻혀 보냅니다.

여기에서 다시 삶의 갈림길이 나타납니다. 암벌이 찾아간 어린 꽃주머니가 수나무라면 암벌은 수꽃주머니 속에 들어가 쉽게 산란관을 넣어 알을 낳습니다. 아주 안락하고도 쾌적한 벌들의 양육 장소가 되는 것이지요. 어른이 되기까지 주머니 속 꽃에 들어가 조직을 먹으면서 영양분까지 공급받는 것이지요. 벌로 치면 성공이고 나무로 치면 받는 것 없이 애써 만든 조직의 일부를 내어주니 억울하기 이를데없을 것입니다. 기막힌 운명이죠. 하지만 암꽃으로 찾아가면 인생은 역전됩니다. 암꽃주머니 속은 길어서 산란관을 꽂지 못하고 벌들은 꽃가루만 전한 뒤, 그 주머니 속을 헤어나지 못하고 뱃속에 알을 가득 담은 채 생을 마감합니다. 물론 나무는 성공적인 결실을 하겠지요. 서로 얽히어 주고받는 기막힌 시스템입니다.

운명의 장난이라는 말은 사람에게도, 곤충에게도, 나무에게도 다 적용되는 말인 듯합니다.

2003년 11월 17일

도꼬마리 열매

큰도꼬마리 열매

동물들의 몸을 빌려 새로운 보금자리를 찾는 도꼬마리 열매

비가 내리고 나니, 가는 가을이 더욱 쓸쓸하게 느껴집니다. 화려하던 단풍잎도 이제 낙엽이 돼 사라지고, 너른 벌판의 억새 군락은 햇살을 받아 잠시 반짝이다가도 바람 한 줄기 깊게 지나가면 이내 긴 여운의 어두움에 갇히곤 합니다.

이런 계절에 깊은 산보다 더욱 쓸쓸한 들판이나 산자락에서 끈기와 인내로 하염없이 우리를 기다리고 있는 친구가 있습니다. 바로 도꼬마리 집안의 식구들이죠. 알게 모르게 한 번이라도 만나 부딪히고 나면 어디든지 붙어 도통 떨어지려고 하지도 않습니다. 다른 사람에게 기대어 힘들게 살아가느니, 사람이 반가워 어쩔 줄 모르는 이 도꼬마리 친구들과 세월을 보낼까 싶기도 합니다.

도꼬마리는 국화과에 속하는 여러해살이 풀입니다. 흔히 들어 잘 아는 것 같지만 도심에서 사는 사람은 이 도꼬마리의 끈질김을 확인할 길이 많지 않습니다. 이 식물에 대한 어린 시절 추억을 가진 분들은 요즘 공터나 숲가, 혹은 들녘에서 만나게 되는 도꼬마리가 예전의 모습과 좀 다르며, 도꼬마리마저도 요즘 세상처럼 더 무성하고 억세다고 느끼게 됩니다. 맞는 말입니다. 요즘에는 귀화식물로 가시가 아주 많고 가시에 털까지 있는 가시도꼬마리, 키도 열매도 큰 큰도꼬마리가 우리나라에 들어와 훨씬 널리 퍼져 있기 때문입니다.

도꼬마리는 모두 열매를 기억하지, 꽃을 기억하지는 않습니다. 암꽃 수꽃이 따로 있지만 한 그루에 있고 풍매화이므로 화려한 꽃잎으로 두드러질 일이 없기 때문입니다. 우리가 가시라고 부르는 돌기가 가득한 열매의 겉껍질 속에는 다시 2개씩의 작은 열매가 들어 있습니다. 재미난 것은 두 열매 속 씨앗의 발아 시기가 같지 않다는 것인데 그 중 하나는 다소 작고 종피도 두껍습니다. 이 씨앗은 먼저 발아한 새싹에 어려움이 생길 경우를 대비해 늦게 발아합니다. 이래저래 기다림의 미덕이 돋보이는 열매입니다.

열매들은 제각기 여러 가지 방법으로 새로이 살아갈 터전을 마련합니다. 몸을 가볍게 하여 바람에 날리기도 하고 새에게 먹혀 배설물에 섞이기도 합니다. 도꼬마리처럼 사람이나 동물의 몸에 붙어 옮겨지는 씨앗에는 앞선 열매들이 갖지 못한 이점이 하나 있습니다. 동물들의 이동 거리상에 있으므로 열매가 붙

진득찰 꽃

는 곳과 떨어지는 곳의 환경이 비슷할 확률이 높다는 것입니다. 이 이야기는 엄마 도꼬마리가 살았던 곳과 비슷한 곳으로, 즉 이 식물이 살기에 적합한 장소에 떨어진다는 뜻입니다. 그 여정에는 수많은 어려움이 있겠지만, 완벽할 수는 없어도 적어도 바람에 날려 우연을 기다리는 종자보다는 훨씬 적극적입니다.

 늦은 가을 들녘에서 가을 햇살을 즐기며 한 나절쯤은 지낼 수 있을 것 같습니다. 도꼬마리처럼 몸에 묻어 옮겨지는 열매더라도, 가시를 가진 것, 진득찰이나 주름조개풀처럼 끈끈이를 가진 것, 도깨비바늘처럼 긴 낚시 갈고리를 가진 것 등을 찾아서 각각의 개성 있는 방법을 구경하는 것도 좋고, 정 심심하면 입고 있던 스웨터 하나 걸어 놓고 과녁 맞추기 놀이를 하는 것도 재미있을 것입니다. 매직테이프라고 하던가. 서로 까칠거리는 두 면을 만들어 붙기도 떼기도 쉽게 만드는 테이프도 바로 식물의 이런 달라붙는 특성에서 힌트를 얻었다고 하니 누가 알겠습니까. 이렇게 가을을 보내다 보면 인생을 바꿀 아이디어가 떠오를지.

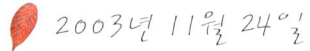
2003년 11월 24일

타임캡슐처럼 땅속에서 보낸
100년의 기다림

우단담배풀

한 알의 씨앗이 새싹으로 피어나기까지 인고의 시간

벌써 내년 달력을 보게 되니 한 해가 막바지를 향해 치닫고 있음을 실감합니다. 곧 연말연시 모임도 많고 거리도 화려해지는 12월입니다.

하지만 한 해를 보내는 마음이 더욱 급해지는 시기는 11월 마지막 주인 듯합니다. 마지막 달에는 한 일과 못한 일, 잘한 일과 잘못한 일이 이미 결정돼 있지만 11월에는 그래도 노력하면 못한 일도 새로 할 수 있고, 잘 하지 못한 일도 다시 한번 잘 해볼 시간이 조금은 남아 있기 때문에 그런 것 같습니다. 저와 같은 연구자들은 1년간 산과 들을 누비며 조사하고 실험실에 묻혀 만들어낸 연구결과들을 엮어 발표도 하고, 평가도 받는 시기입니다. 조바심과 분주함이 공존하는 때죠.

그런데 종자들 중에는 몸집 큰 사람들의 이런 조급증을 측은하게 바라보는 것들이 적지 않습니다. 짧게 보면 지난 주 말씀드린 도꼬마리 종자 중에 작은 것 하나가 남아 기다리는 것도 그러하지만, 더욱 더 길고 긴 기다림의 삶을 살고 있는 종자들도 얼마든지 있습니다. 하루 이틀, 한 달 두 달, 1년 2년이 아닌 100년이 넘도록 말입니다.

1879년 미국의 한 학자가 종자들을 모아 실외에 심어두고 실험을 했답니다. 얼마나 오랫동안 땅 속에 묻혀 살아 있느냐를 말입니다. 정기적으로 발아력을 테스트했습니다. 이 분이 당대에 그 실험을 마치지 못하자 후학들이 계속해 나갔고, 1981년 100년간의 연구결과를 보고했답니다(저는 사실 이러한 연구 자체에도 놀랐습니다. 분초를 다투는 이 시대에 한켠에서는 100년을 두고 보는 연구가 진행되고 있으니 말입니다). 그 결과 달맞이꽃 종류는 80년, 우단담배풀이란 식물은 100년 동안 활력을 유지한 채 살아 있더랍니다.

우단담배풀은 우리에게는 다소 새로운 식물이지만 이미 귀화식물로 기록돼 있습니다. 잎이 담뱃잎처럼 넓적하고 털이 많아 그런 이름이 붙은 듯하지만 실제로는 수술에 우단 같은 털이 있기 때문이랍니다. 모양이 워낙 독특하고 보기 좋아 우리 수목원 관찰원에 한 포기 찾아든 것을 그대로 두었는데, 어느 날 문득 바라보니 식물이 살아가

우단담배풀 새싹

기에 아주 어려울 것 같은 담장 틈새 같은 곳에서 하나 둘씩 나타나 여러 포기가 자랐습니다.

그런데 이 우단담배풀 한 포기에서 작고 무수히 많은 씨앗들이 떨어져 마치 타임캡슐처럼 땅속에서 오랜 세월을 참고 견디며 적합한 때를 기다리고 있으며 적어도 수십 년에서 백년 후에 그 곳엔 이 우단담배풀이 득세해 자리잡을 수도 있을 것이라는 생각에 미치니 미래를 준비하는 미세한 종자의 기다림이 섬뜩하리만치 무섭고 대단하게 다가왔습니다.

어제 식물자원의 보존과 관리를 어떻게 하면 좋을지 국가기관과 연구자와 환경단체 관계자, 농민이 모여 대토론회를 했습니다. 한 분이 식물자원의 중요성을 이야기하며 "한 알의 종자가 미래를 바꾼다"라는 말씀을 하시더군요. 물론 이 말의 요지는 한 식물의 가치를 지금은 몰라도 과학이 발달하는 미래에는 의약품이 될 수도 있고, 다른 분야에 응용하는 등 그 가능성이 무궁무진하니, 지금 잘 보전하자는 이야기였습니다.

하지만 저는 '광릉 숲에서 보내는 편지'를 쓰며 종자를 좀더 들여다보니 작은 씨앗 한 알이 우리에게 주는 것은 그러한 물질적인 가치 말고도 얼마든지 많다는 생각이 들더군요. 지난주엔 치열한 전파방식에 대해 감탄을 하고 오늘은 그 준비와 기다림에 대해 생각해보면서, 그들의 삶이 오늘의 나를 반추해 보고 새로이 거듭나게 하는 계기를 마련해주고 있으니 말입니다.

늦가을 숲

겨울
2003

새에게만 꿀 주는 동백꽃
한 송이 국화꽃 피우려고 그리도 긴 밤이
상록활엽수의 추위 대처법
복제되는 식물 1_처녀치마
복제되는 식물 2_조직배양
추위 녹이는 앉은부채
규칙과 자유로움의 조화
할미꽃, 식물도 털 없인 못 살아요
두 얼굴의 풀 쇠뜨기
겨울을 견디고 돌아나는 냉이
빠져들수록 멋진 양치식물의 세계
5년 기다려 꽃 피는 얼레지

2003년 12월 1일

새에게만 꿀 주는 동백꽃

바닷가에 자란 동백나무

정확한 타깃을 향해 꿀을 생산하는 동백꽃의 전략

겨울입니다. 동백꽃이 피겠군요. 아무리 마음이 간절해도 계절 흐름을 막거나 더디게 할 수는 없는 모양입니다. 지난 계절에 대한 미련이 아직 많이 남아 있건만 이제 달력의 마지막 장을 남기게 되었습니다.

이즈음 가장 먼저 떠오르는 식물이 동백입니다. 지난겨울에도 동박새와 돕고 사는 동백나무의 이야기를 한 적이 있습니다. 동백꽃처럼 그 계절을 상징하는 확실한 식물이 워낙 부족해서인지, 동백나무의 특별함이 많은 얘깃거리를 남겨서인지는 모르지만 아무리 다른 생각을 하려고 해도 동백의 그 붉은 꽃잎이 선연히 살아나 마음속을 떠나지 않습니다.

동백꽃

동백나무는 동양의 나무입니다. 고향이 우리나라 해안가와 남쪽 섬, 그리고 중국, 특히 우리나라와 아주 가까운 산둥반도가 대표적인 산지라고 합니다. 일본 사람들도 동백을 좋아한다고 합니다. 개인적으로는 우리나라에만 자생하는, 진한 붉은 빛 홑겹 꽃잎을 가진 동백의 아름다움을 따라올 것은 아무것도 없다고 생각하지만 이미 전 세계에는 수백 종의 품종이 개량돼 퍼져나갔으며 그 역사도 아주 오래됩니다.

유럽에 처음 동백꽃이 소개됐을 때 그 인기는 참으로 대단하였답니다. 그 반영이 바로 알렉상드르 뒤마의 소설로 만들어진 오페라 '라 트라비아타'입니다. 우리는 이 오페라를 흔히 '춘희(椿姬)'라고 부르는데 일본에서 그렇게 부른 것을 그대로 따라한 것입니다. 이 이름이 붙은 이유는 주인공인 비올레타가 사교계에 나올 때 동백꽃을 달고 나오기 때문입니다. 동백나무라는 뜻을 가진 '춘(椿)'를 써서 '동백나무 아가씨'라는 뜻으로 지어졌다는 거죠.

정말 재미있는(슬프고 씁쓸한지도 모르겠습니다만) 일은 우리나라에서는 이 한자를 두고 동백나무가 아니라 참죽나무 혹은 가죽나무 '춘'으로 부른다는 것이지요. 그래서 춘희라고 하면 참죽나무 아가씨가 되는 것이지요. 혹시 이 참죽나무를 접해본 분이라면 이 나무가 잎을 나물로 먹는 유용한 식물이기는 해도 아름답고 화려한 꽃과는 연관을 지을 수 없는, 본데없이 큰 나무라는 사실을 아실 것입니다. 오페라 이름 하나에도 식물과 관련해 이렇게 바로잡아야 할 일이 있다는 것이 놀라왔습니다.

동백나무는 새가 꽃가루받이를 도와준다고 해서 '조매화'라고 부릅니다. 여기에도 새와 꽃과의 긴밀한 협조와 계산이 깔려 있습니다. 동백꽃이 붉은 것은 곤충과 달리 새가 붉은색을 잘 인식하는 것과 무관하지 않고요(열대지방의 다른 조매화들도 조금씩 다르기는 하지만 붉은 색이 많습니다). 동백꽃의 아름다움은 그 짙붉은 꽃잎 안쪽에 샛노란 수술이 마치 작은 성벽의 모양을 이루고, 역시 광택이 나는 진한 녹색의 잎과 잘 어울린다는 점입니다. 바로 그 수술의 모습은 실제 성벽처럼 다른 자잘한 곤충들의 침입은 막고 자신이 생산한 꿀들을 온전하게 새에게 내주기 위한 장치랍니다. "왜, 많이 만들어서 곤충도 주고 새도 주지" 하는 생각이 들 수도 있는데, 동백나무 입장에서는 꿀을 만드는 일에 에너지 소모가 많으므로 정확한 타깃을 정해 그들만을 위한 전략상품을 내놓은 것이죠.

새의 입장에서 보면 추위 때문에 열량이 더욱 많이 필요한 시기입니다. 그래서 에너지를 써 가며 이 꽃 저 꽃 날아다녀야 하는데 그 수고의 대가로 얻는 꿀이 너무 적다면 다른 생각을 할 수밖에 없습니다. 일정 양의 꿀을 제공해야 새를 유인할 수 있다는 것이죠. 다른 충매화들은 꿀과 함께 향기가 나는 것이 많은데 동백꽃은 그렇지 않습니다. 이 또한 새들은 냄새에 둔하다는 사실이 반영된 것이랍니다.

꽃 한 송이 피는데도 이렇게 많은 고려가 필요하니 사람살이가 복잡한 것은 당연합니다. 남쪽섬으로 동백꽃 구경을 가고 싶습니다.

2003년 12월 8일

한 송이 국화꽃
피우려고 그리도 긴 밤이

구절초

꽃이 피는 시기를 조절하여 일년 내내 아름다운 국화꽃 피어나

날씨가 갑자기 추워졌습니다. 한 달이 훨씬 넘도록 연구실 앞 꽃밭에 있던 가을 국화가 때론 빛깔로 때론 향기로 아침을 새롭게 해주었는데, 오늘 아침 하얗게 서리를 맞고 선 모습을 보고 있자니 그 꽃을 보는 즐거움도 접어야 할 때가 왔다는 생각이 듭니다. 하긴 산과 들에 피어 있던 야생 국화(산국, 감국, 구절초, 쑥부쟁이 같은)들은 이미 자취를 감춘 지 오래입니다.

우리가 때를 늦추어 혹은 앞당겨 다양한 빛깔의 국화들을 만날 수 있는 것은 많은 식물연구자들이 끊임없이 관찰하고 연구한 결과입니다. 한 송이 국화꽃을 때를 가리지 않고 마음대로 피우려면 자연의 법칙을 잘 이용해야 한답니다. 국화처럼 가을에 꽃 피는 식물을 흔히 단일식물이라고 부릅니다. 낮이 짧아지고(短日) 밤이 길어지는 가을이 되면서 꽃을 피우기 때문에 붙여준 말이지요. 하지만 점차 밤의 길이가 더 길어진다는 점이 더욱 중요하다는 사실을 발견했습니다. 어떤 물질(아직도 정확히 무엇인지를 확언할 수 없답니다)이 밝은 곳에서는 억제돼 있다가 어두워지면 다른 물질로 전환돼 꽃눈을 만들도록 유도한다는 것이지요.

과학자들은 이런 사실을 알아내고 국화를 키울 때, 꽃 피는 시기를 늦추고 싶으면 아직 때가 오지 않은 것처럼 얼마동안 불을 밝혀주고, 빨리 꽃을 피우고 싶으면 낮에도 빛을 가려줘 빨리 밤이 온 것처럼 만드는 것이지요. 물론 이러한 일을 하는 데는 비용이 필요하므로 국화꽃 값이 이러한 시설에 투자를 할 만큼 적정 수준을 유지해야겠죠.

서흥구절초

요즘 꽃집에서 파는 국화는 참으로 오묘하고 그윽한 빛깔을 갖고 있습니다. 서로 다른 유전자를 가진 국화 가운데 보기에 좋거나 추위에 강하거나 혹은 또 다른 장점을 가진 것들을 골라내 이를 삽목(揷木)이라는 복제방법을 통해 똑같은 모습으로 대량 생산한 덕분이죠.

한 송이 국화꽃을 피우기 위해, 봄부터 소쩍새가 울고 천둥이 먹구름 속에서 또 울어야 하는 것이 아니라 밤의 길이가 길어져야 한다는 사실이 재미있습니다. 그래서 과학자들은 시인이 되기 어려운 것일까요?

감국(위)과 한라구절초(아래)

그래도 그냥 무심히 피어나는 듯한 가을 국화 한 송이를 보고, 수없이 많은 추론과 실험을 통해 겨울에도 국화를 우리 곁에 가져다준 과학자의 탐구심 또한 많은 이들의 마음을 움직였던 시 만큼이나 아름답습니다.

 국화를 키울 때, 꽃 피는 시기를 늦추고 싶으면 아직 때가 오지 않은 것처럼 얼마동안 불을 밝혀주고, 빨리 꽃을 피우고 싶으면 낮에도 빛을 가려줘 빨리 밤이 온 것처럼 하면 됩니다.

2003년 12월 15일

상록활엽수의 추위 대처법

후박나무

잎은 두껍고 빳빳하게, 표면은 반질반질하게

사람이나 식물이나, 살아가는 것은 선택의 문제인 것 같습니다. 아침을 열면서 지금 일어날까, 아니면 5분 더 잘까를 비롯해 무엇을 입고, 무엇을 먹을까를 늘 고민하게 됩니다. 현재의 즐거움이 더 중요한가, 아니면 미래를 위해 지금 어려움을 택할 것인가를 결정해야 하는 것이죠. 이라크에 우리 군인을 보내는 것이 좋을까, 아닐까의 문제도 그 중 하나일 것입니다. 그러나 대부분의 문제에 완벽한 정답이 있는 것이 아니어서 항상 하나를 고르기 어렵고, 그 선택에 후회도 많습니다.

이러한 식물도 선택을 고민하기는 마찬가지인 듯합니다. 식물은 동물보다 몇 배 많은 DNA를 가지며 많이 고민하고 현명하게 살아간다고 늘 말씀드렸지만 왜 식물의 선택인들 후회가 없겠습니까. 따지고 보면 이 땅에서 사라지는 상당수의 희귀식물도 환경의 변화를 예측하지 못하고 부적절한 전략을 세운 결과일 수도 있겠지요.

반대로 귀화식물처럼 자신의 강점을 이용해 번성하는 식물도 있습니다. 그러나 먼 시각에서 보면 누구도 이들의 선택이 탁월했다고 장담하기 어렵습니다. 물론 경제적 논리를 앞세워 희귀식물들이 사라지도록 방치하는 지금의 사람들은 더 크게 잘못된 선택을 하고 있는 것일 수 있겠고요.

겨울이 깊어가니 낙엽도 모두 지고 언제나 늘푸른 잎을 달고 있는 상록수의 잎이 눈에 띕니다. 우리가 볼 수 있는 대부분의 상록수들은 소나무, 전나무, 잣나무, 주목 같은 것이라서 잎이 뾰족한 침엽수들이 많습니다. 그래서 상록수는 모두 침엽수려니 생각하지만 조금만 따뜻한 곳에 내려가도 상황은 달라집니다. 동백나무, 후박나무, 가시나무부터 중부지방에도 살고 있는 사철나무 같이 상록수이면서 넓은 잎을 가진 것이 아주 많습니다. 우리나라 남쪽의 난대림은 이러한 상록활엽수림이 주인인 숲입니다.

나무가 상록수냐 낙엽수냐도 선택의 문제이지요. 계절 구분이 없는 열대지방 식물과 달리 우리의 나무는 추운 겨울을 보내야 하고, 그러려면 그 방법을 마련해야 합니다. 낙엽수야 문제의 소지가 될 여린 조직들은 모두 떨구어 버리고 새 봄을 기다리면 됩니다. 반면 상록수는 춥고 건조한 조건에 적응하자니 수분의 손실을 막을 수 있도록 잎의 표면적을 최대로 줄여 가늘게 하고 두꺼운 큐티클 층에 싸인 깊은 곳에 숨구멍을 묻어두는 방법을 택한 것입니다.

우리나라에서도 남쪽의 나무들은 추위가 좀 견딜만한 까닭에 잎의 표면적은 줄이지 않은 채, 큐티클 층을 발달시켜 잎을 두껍고 뻣뻣하게 하고, 그 표면에 왁스층을 두껍게 하여 겉보기에 반질반질하게 느껴지지요. 태양광선을 잘 활용하는 역할까지 감안한 장치입니다. 좀 더 적극적인 선택이라 생각되는데 이럴 수 있는 것도 겨울 추위가 남쪽에서는 웬만하니 가능한 것이지요. 우리들의 선택도 비빌 언덕을 생각하며 결정되는 것처럼 말입니다.

한 해가 정말 얼마 남지 않았습니다. 잘한 선택과 잘못한 선택이 많겠지만, 마무리 만큼은 찬찬이, 그리고 깊이 생각해 가장 후회가 적도록 해야겠습니다.

우리나라의 남쪽지방에 저절로 자라는 상록활엽수들은 잎의 표면적은 줄이지 않고 큐티클 층을 발달시켜 잎이 두껍고 뻣뻣하며 표면은 왁스층으로 반질반질 윤택이 납니다.

2003년 12월 22일

복제되는 식물 1 처녀치마

처녀치마

씨앗만으로는 불안해 죽기 전에 잎 끝에서 새끼처녀치마 만들어

연말이 되면 지난 시간을 반성하고 새로운 결심을 하는 그런 시간을 가져야 옳은데, 오히려 경황이 더욱 없습니다. 한 해 동안의 연구결과를 정리하고 이를 수행하느라 쓴 예산까지 챙겨야하는 등 올해 안에 마무리해야 할 일이 아직도 많이 남아 있습니다.

게다가 1년에 한번쯤 만나고 싶은 사람들의 모임 연락은 왜 이리 많은지, 매번 고민하게 됩니다. 과연 일로만 보면 올해를 마감할 수 있을지가 의문입니다. 요즘 같아선 손오공처럼 털을 뽑아서 분신이라도 몇 개 만들면 얼마나 좋을까 하는 부질없는 생각까지 하게 됩니다.

그런데 다시 생각해보면 그저 황당무계한 생각만은 아닙니다. 복제양이 탄생하고, 아이를 복제를 통해 얻는다는 일로 한동안 전세계가 시끄러웠으니까요.

식물도 복제를 합니다. 간혹 선인장을 보면 새끼선인장이 붙어 자라기도 합니다. 이를 떼어 심으면 또 다른 개체의 선인장을 얻을 수 있지요. 개나리 가지를 잘라 꽂으면 뿌리가 내려 새로운 개나리가 되고, 특히 돌나물이나 바위솔 같은 다육식물들은 아무 부위나 그냥 툭 잘라서 던져두고 흙을 덮어도 이내 새로운 생명이 올라오지요. 이런 모든 일을 식물의 자기 복제라고 말해도 됩니다.

한 개체가 여러 개의 식물로 늘어난다는 점에서 씨앗을 뿌려 증식하는 것과 같지만 이 두 가지는 큰 차이점이 있습니다. 전자는 손오공처럼 유전적인 정보가 똑같은 그야말로 복제를 말하는 것이고 씨앗을 통한 후자는 유전적인 정보가 비슷하지만 다른 후손, 그러니까 손오공이 어떤 누구와 결혼하여 이들을 골고루 닮은 자식을 만들어 내는 것이지요.

식물은 (동물도 마찬가지이긴 합니다만) 그 과정이 복잡하고 힘겨워도 다양한 세상에 다양한 모습으로 적응하며 자손 만대를 살아가기 위해 유전적으로 다양성이 높은 방식을 택하려고 노력합니다. 물론 피치 못할 상황이 되면 복제를 시도하기도 하지요.

요즘 산에서 간혹 만나는 처녀치마도 그렇습니다. 처녀치마는 보랏빛 작은 꽃들이 모여 아래를 향해 피어 전체적으로 보면 꼭 여자가 입는 치마와 같습니다. 그것도 젊은 아가씨가 입는 짧은치마 말입니다. 그래서 대학 은사님께서는 남학생들은 이 식물을 절대로 아래서 바라보면 안된다고 농담을 하곤 하셨지요.

처녀치마는 이른 봄에 피어나는 대표적인 봄꽃이지만 요즘 눈에 띄는 까닭은 이 잎이 반쯤은 상록성이기 때문입니다. 대부분의 풀들이 누렇게 마르거나 아예 지상에서 흔적을 없애버리는 반면 이 식물은 겨울에도 비록 생생

처녀치마

하지는 않아도 푸릇푸릇 누릇누릇한 잎새들을 지상에 남겨둡니다. 산에 가면 사면에 길고 넙적한 잎들이 방석처럼 모여 있는 것을 지금도 구경할 수 있습니다.

그런데 이 처녀치마가 매년 새 잎을 내고 씨앗도 잘 맺으며 멀쩡히 자라다가 죽을 때가 되면 잎의 끝이 땅에 닿아 고정되고, 그곳에서 새로운 새끼처녀치마들을 만들어 놓습니다. 물론 복제입니다. 그러고 나면 모체가 되는 처녀치마는 말라죽게 되고 그 자리를 복제 2세대들이 차지하게 됩니다. 씨앗으로 확보되지 않은 불확실성에 대한 안전장치일까요? 봄이 오기 시작하면 산행길에서 이런 새끼처녀치마를 찾는 재미도 한번 맛보시길 바랍니다.

분명 이 처녀치마들은 지금쯤 미리 대비하지 않아 허둥대는 우리를 한심하게 바라보고 있을 것 같습니다.

2003년 12월 29일

복제되는 식물 2 조직배양

한란

귀하디 귀한 한란(寒蘭)을 꽃집에서도 살 수 있어

얼마 전 제주도 한라산 자락에서 한란이 꽃을 피웠다고 합니다. 한란은 대표적인 겨울꽃이고, 이름도 추울 때 피는 꽃을 뜻합니다. 한란은 은은하고 그윽한 향기가 있어 흔히 청향(淸香)이라고도 합니다. 눈감고 그 모습을 떠올려보니 정말 그 맑은 향기가 전해져 오는 듯합니다.

한란의 개화가 화제가 되는 것은 매우 드문 일입니다. 제주도 한라산의 일부 지역은 우리나라에서 한란이 저절로 자라는 유일한 자생지입니다. 워낙 귀한 곳(눈으로 확인할 수 있는 유일한 자생지라고도 할 수 있습니다)이라 천연기념물로도 지정돼 있고, 한란을 채취하면 식물 훼손으로 받을 수 있는 가장 무거운 처벌을 받습니다. 자생지 주변은 철통같은 수비로 도둑의 손길을 근본적으로 차단하고 있습니다. 한란의 기품과는 도통 어울릴 것 같지 않은 울타리를 하고 있어 안타깝기도 하지만, 금고 속에 보존되고 있는 고려청자처럼 국보와 같은 맥락에서 생각하시면 될 듯합니다.

한란을 원하는 사람은 많은데, 개체 수는 많지 않으니 자연히 자생지에서도 점점 줄어들었고 그 희소성으로 인해 값은 더욱 높아졌죠. 그럴수록 자생지의 한란은 더욱 위태로워지는 악순환이 거듭되다가 조직배양 기술이 도입되면서 이제 한란은 제주도 꽃집에서 살 수 있는 꽃이 되었습니다.

식물들은 많은 세포가 모여 조직을 이루고, 이들이 다시 기관을 형성하며, 이러한 기관은 각기 다른 기능을 가지며 유기적인 관계를 맺고 살아갑니다. 조직배양이란 이런 식물체 중의 일부(세포나 조직)를 떼어 균이 없는 상태에서 필요한 영양분을 공급해 기관을 분화시키는, 쉽게 말해 인공적으로 복제품을 만드는 기술입니다.

여기서도 식물이 동물보다 우월한 점이 나타납니다. 동물의 경우는 특정한 세포나 조직을 배양하면 그 부분만을 무한정으로 증식할 수 있지만, 식물은 어떤 조직에서 시작하든, 예를 들어 어린 싹 끝을 조금 떼내 배양해도 꽃을 피우고 열매를 맺는 온전한 식물체가 만들어집니다. 참으로 놀랍습니다.

자생지의 풍란

식물의 조직배양은 생각보다 깊숙이 들어와 있습니다. 값비싼 난초들을 우리가 쉽게 만날 수 있게 된 것도 이러한 기술 덕분입니다. 감자나 딸기, 튤립 같이 바이러스에 잘 노출돼 어려움을 겪는 농작물의 어린 묘들도 이를 통해 생산해서 공급하지요.

최근에는 식물체를 온전하게 만들기 전에 주목나무에서 추출된 택솔이라는 항암성분이나 산삼의 성분처럼 특별한 성분을 함유하고 있는 상태를 대량으로 증식해 필요한 부분을 추출, 의약품으로 이용하기도 합니다. 자연의 이치를 조금씩 엿보아 가는 것이 오늘날의 과학인 듯한데, 섣부른 흉내내기가 더 큰 어려움을 불러내지 않도록 조심해야 할 것입니다. 가장 좋은 것은 말 그대로 자연 속에서 자연의 이치대로 자연스럽게 살아가는 것이니까요.

이제 한 해의 끝머리입니다. 많은 어려움을 극복하고 외롭고 쓸쓸할 것만 같은 그 숲의 한켠에서 그토록 단아하고 절제된 아름다움을 꽃피우는 한란처럼, 힘겨웠지만 소중한 한 해로 기억되길 기원합니다.

 식물은 어떤 조직에서 시작하든, 예를 들어 어린 싹 끝을 조금 떼내 배양해도 꽃을 피우고 열매를 맺는 온전한 식물체가 만들어집니다.

2004년 1월 12일

추위 녹이는 앉은부채

앉은부채

앉은부채는 포 안의 온도가 주변의 온도보다 5도나 높아

오랜만에 몇몇 친구들과 만났습니다. 삼팔선은 넘었고, 사오정은 되지 않은 어정쩡한 나이, 일생을 두고 가장 열심히 살아야 하는 시기를 맞았지만 그만큼 회의도 많아 모두 살아가는 일이 만만치 않은 모양입니다.

경제, 교육, 정치 등 남들이 하는 이러저러한 이야기들을 거쳐 마지막에는 '세상은 그래도 살 만하며 좋은 사람들이 훨씬 많다' 주장과 '경쟁 사회는 서로 얻고 기댈 것도 없이 남을 눌러야 살아남는 사회다' 라는 견해가 부닥쳤습니다. 결국 그날의 결론은 '좋은 뜻을 가진 일에는 좋은 사람들이 모이니 세속적인 것에 대한 미련과 집착을 조금씩 버리고 생각을 전환하자' 는 것으로 맺어졌습니다.

나무들도 풀들도 어려움을 겪으며, 좋고 많은 열매를 만들어 퍼뜨리고 살아가야 하는 목표가 있지만 모든 것을 다 쉽게 얻을 수는 없습니다. 모두 선택과 적응의 과정을 거쳐 자신만의 방법과 모습을 갖게 되는 것은 우리와 마찬가지입니다. 그런데 이 추운 겨울을 견디고 이른 봄의 대지를 가장 먼저 차지하며 꽃을 피우는 앉은부채에는 좀 더 특별한 마음이 있는 듯합니다.

앉은부채에게는 얼었던 땅이 녹기 무섭게 손가락 하나만큼 되는 꽃을 피우기 위해 땅속에 1m가 넘는 뿌리를 박아 근간을 튼튼히 하는 일도 예사롭게 해냅니다. 또 화려한 꽃잎 대신 작은 꽃들이 둥글게 모여 달리고 이를 특별하게 생긴 포(苞)가 둘러싸고 있는데 연한 갈색 바탕에 자주색 무늬가 불규칙하게 발달해 있어서 앉은부채를 처음 본 사람들은 대부분 '아! 세상에 이런 꽃도 있구나' 하고 감탄합니다.

게다가 앉은부채는 '스컹크 캐비지(Shunk Cabbage)' 라는 명예롭지 않은 서양이름을 갖고 있는데 냄새가 나고 독성도 있어서 붙은 이름입니다. 이러한 유쾌하지 않은 이름을 얻어가며 냄새와 독을 만드는 이유는 뭘까요. 숲속 식구들에게 춘곤기라고 할 수 있는 아주 이른 봄에, 자신을 뜯어먹으려고 노리는 산짐승들이 많으니 지난여름부터 열심히 준비하고 비축하여 어렵게 피워낸 꽃을, 그리고 이어지는 열매를, 즉 미래를 지키기 위해서입니다. 생존을 위해 이미지 관리마저 포기하는 아픔을 자청하는 셈이죠.

새로운 해를 시작하는 이즈음, 앉은부채가 정말 특별한 모습으로 우리를 미소짓게 합니다. 추운 날씨 탓에 자신을 찾아와 도와줄 곤충들이 활발하게 활동하지 못할

노랑앉은부채

것을 염려한 듯 꽃이 스스로 화학반응을 일으켜 열을 냄으로써 주변을 따뜻하게 만드는 것이죠. 이를 조사한 과학자들에 의하면 꽃들을 둘러싸고 있는 포 안의 온도가 주변의 온도보다 5도나 높게 나타났다고 합니다.

자신이 처한 어려움에 굴하지 않고 스스로 열을 내 자신과 자신을 둘러싼 환경을 따뜻하게 하는 앉은부채의 지혜야말로, 수많은 어려움이 가득할 한 해를 맞으며 우리가 눈여겨 보아야 할 모습이 아닌가 싶습니다.

이렇게 자기 자신부터 소중히 여겨 따뜻하게 하고, 이어 그 따뜻함이 온 세상에 퍼져나가 올 한 해를 마무리할 즈음에는 '어려웠지만 따뜻해서 행복했다' 고 말할 수 있기를 간절히 바랍니다.

2004년 1월 19일

규칙과 자유로움의 조화

눈 쌓인 낙우송

제멋대로 자라는 듯한 나무도 자신만의 고유한 수형을 갖춰나가

며칠 전 광릉 숲에 희고 고운 눈이 내렸습니다. 오랜만에 펑펑 쏟아지는 아름다운 눈송이에 감동하면서도 제가 한 일은 고작 퇴근길을 재촉하는 것이었습니다.

이제 막 공부를 시작한 옆 연구실 어린 후배들의 컴퓨터 바탕화면에 올려진, 익살맞게 웃고 있는 눈사람 사진을 보면서 생활에 눈이 가려 작고 소중한 즐거움을 잃고 사는 어른이 되어 버린 스스로를 발견하고 조금 쓸쓸했습니다. 그래서 나뭇가지마다 쌓인 눈들이 바람에 날리고, 한낮의 햇살에 녹아 점차 흔적들이 사라지는 모습을 자꾸만 바라보게 되나 봅니다.

그런데 그런 모습을 바라보면서 새삼 깨닫게 된 것은 규칙과 자유로움의 절묘한 조화였습니다. 겨울이 되어 비로소 제대로 드러난 나뭇가지들은 제각기 뻗어나갈 공간을 찾아 자유롭게 자라온 것 같지만 어느새 자신만의 고유한 수형(樹形)을 만들고 있었습니다. 메타세콰이어는 긴 이등변삼각형, 느티나무는 통통한 타원형, 서어나무는 역삼각형, 가지가 늘어진 능수버들은 긴 사각형, 계수나무는 부채모양…. 물론 이렇게 나무들이 제 모습을 가지고 있어도 장애물, 예를 들어 전깃줄이 지나간다든지, 건물이나 큰 나무가 가린다든지 하는 치명적인 상황에 부딪히면 수형이 망가집니다. 사람도 타고난 본성이 있어 대개 그대로 자라나지만 나쁜 환경에 부딪히면 엇나가기도 하는 것처럼 말입니다.

좀더 가까이 들어가 줄기를 들여다보아도 그렇습니다. 겨울 나뭇가지에서 잎이 떨어진 흔적(이를 엽흔이라고 부릅니다)을 볼 수 있는데 그 모양이 나무마다 일정합니다. 1개의 마디에 2장 이상의 잎이 붙는 잎차례를 돌려나기, 2장씩 잎이 마주 붙는 것을 마주나기, 한 마디에 잎이 하나씩 붙은 것을 어긋나기라고도 합니다.

재미난 일은 돌려나는 것은 물론 어긋나는 데도 규칙이 있습니다. 지금 만날 수 있는 가지의 끝을 잘라 수직으로 세우고 서로 겹치는 방향에 있는 잎을 표시한 다음, 그 사이에 있는 잎의 수에 1을 더해서 분모로 하고, 겹치는 방향의 잎이 달리려면 몇 바퀴를 돌아야 하는지를 세어 분자로 하면 나무 종류마다 서로 다른 분수가 나타납니다. 예를 들면 자작나무는 1/3, 참나무류는 2/5처럼 말입니다. 나무들의 규칙입니다.

이 엽흔들은 좀더 가까이 들여다보면 관속흔도 볼 수 있습니다. 그 흔적들은 성장이 왕성하던 시절, 물과 양분을 운반하던 통로의 흔적들이지요. 나이 든 사람의 얼굴과 말 속에서 지난 세월을 어렴풋이 읽을 수 있듯이 잎이 떨어진 흔적을 바라보면 그 자리에 달렸던 지난 계절의 푸르름을 상상해 볼 수 있습니다.

겨울에 드러난 나뭇가지들을 바라보며 '우리도 그들처럼 자유로운 영혼과 바른 규칙이 담긴 삶의 자세가 서로 아름답게 어우러질 수 있었으면…' 하고 소망을 빌었습니다.

메타세콰이어는 긴 이등변 삼각형, 느티나무는 통통한 타원형, 서어나무는 역삼각형… 나무도 고유한 자기의 모습을 지키며 살고 싶어합니다.

2004년 1월 26일

할미꽃, 식물도 털 없인 못살아요

할미꽃

보온, 수분 보존, 방어 등 다양한 일을 하는 식물의 털

관리상의 이유로 헤어스타일을 바꾸었습니다. 워낙 하지 않던 일이라 주위 사람들의 인사를 많이 받았죠. 확실히 기분이 전환된 것을 느끼면서, 머리카락도 아름다움이나 개성을 나타내는 수단으로 긴요하게 쓰이구나 싶어 무척 재미있었습니다.

　식물에도 털이 있습니다. 털은 대부분 표피세포가 변형돼 생겨났다고 합니다. 한마디로 요약하기가 어려울 만큼 식물의 털은 기능이나

왜솜다리 꽃

모양이 다채롭고, 털이 생기는 기관도 모두 다릅니다.

 우선 하는 일이 놀랄 정도로 다양합니다. 요즘 같은 계절에는 겨울눈이나 로켓형으로 바닥에 잎을 펼쳐낸 채, 견딥니다. 일부 귀화식물의 잎에서 보는 털은 매서운 추위로부터 보온을 해주는 역할이 우선이고 수분의 증발도 막아줍니다.

 고산지방이나 바닷가 등 바람이 많은 곳에 있는 식물의 특징은 털이 많은 것입니다. 털에 수분을 머물게 해서 그것을 이용하고, 어렵게 모은 수분이 잘 날아가지 않도록 하기 위함이지요.

 겨울이 가고 돋아나는 귀여운 새순의 솜털에는 연한 것을 찾아 달려드는 적들한테서 스스로를 방어하기 위한 역할도 있습니다. 쓴 맛 같은 것을 분비해 잎이나 식물의 특정 기관 자체를 못 먹도록 하는 경우도 있습니다.

좀더 적극적인 방어 역할을 하는 것으로는 쐐기풀의 털을 들 수 있습니다. 너무 작아 잘 보이지도 않지만 일단 손가락이 찔리면 오랫동안 고통받는 쐐기가 바로 이런 역할을 하는 털의 일종입니다.

더 구체적이고 특별한 기능을 하는 털도 있습니다. 해안가에 식물들은 수분을 흡수할 때 염분이 문제가 되죠. 소금에 찌든 식물의 조직이 좋을 리가 없습니다. 그래서 털 속에 염분을 담아 스스로 떨어지는 방식으로 배출합니다. 도시에 심은 나무의 잎 뒷면에 가득한 털은 대기 중에 떠다니는 먼지나 가지가지 오염물질을 붙잡는 역할을 합니다.

이러한 털들은 모양이 아주 다양하지요. 돌기 같은 것, 꼬리 같은 것, 나뭇가지처럼 갈라진 것, 연꽃이 핀 것 같이 달리는 것, 공처럼 둥근 것, 탑처럼 쌓여 올라간 것, 단세포인 것, 다세포인 것, 분비선까지 연결돼 있는 것 등.

털은 잎 뒷면에 흔히 있지만 꽃잎, 암술대(왕벚나무는 암술대에 달리는 털의 유무로 구별하기도 합니다), 꽃받침, 줄기 등에도 있지요. 심지어 작은 씨앗에도 솜털이 있어 몸을 가볍게 해줍니다. 식물의 털마다 고유한 털의 위치와 모양과 색깔이 있습니다. 떡갈나무는 뒷면에 우단처럼 고운 황갈색 털을 달고 있어 다른 참나무류와 구별되지요. 털을 알면 식물 식별의 가장 어려운 부분을 알게 된다고 할 수 있습니다.

식물에게 있어서 이 작은 털 하나하나가 중요하듯, 우리 몸의 하나하나도 소중합니다. 손톱 끝만 조금 다쳐도 얼마나 불편합니까. 미처 눈이 녹지 않은 그늘 길이 미끄럽습니다. 넘어지지 않도록 조심하십시오.

2003년 2월 2일

두 얼굴의 풀 쇠뜨기

쇠뜨기

번식을 위한 생식경과 영양분을 공급하는 영양경이 따로 피어나

날씨가 풀렸습니다. 하지만 다시 추위가 찾아올 것이고, 봄이 오기까지 찬 기운이 쉽사리 사라지지 않을 것입니다. 이내 양지 바른 둔덕에 부드러운 햇살이 퍼지고 꼬물꼬물 새싹들도 움직이기 시작하겠지요.

쇠뜨기는 이즈음 만나는 풀입니다. 고향이 시골이어서 어린 시절 꼴이라도 베고 다니던 분이라면 누구나 알법한 식물이지요. 쇠뜨기는 소가 심드렁하게 논뚝을 거닐며 뜯어먹는 풀이라 해서 쇠뜨기가 되었답니다. 시골 사람들은 이른 봄에 나타난 모양이 뱀을 닮아서, 혹은 이 식물이 나는 곳에 뱀이 많아 뱀밥이라고 부릅니다.

그런데 이야기를 하다 보면 쇠뜨기의 생김새에 대해 서로 다른 이야기를 하는 분이 많습니다. 이른 봄에 보이는, 별명에서 언급했던 뱀머리를 닮은 연한 갈색의 식물체는 번식에 필요한 기관으로 우리는 이를 '생식경(生殖莖)'이라 부릅니다. 언뜻 보면 식물인지 의심도 들지만, 줄기를 자세히 들여다보면 중간에 진한 갈색의 비늘조각 같은 것이 있는데 이 부분이 바로 잎입니다. 모두 4장이 달려있지만 광합성을 하는 본래 기능이 없습니다. 퇴화한 잎이죠.

줄기 끝에 달리는 부분은 번식에 꼭 필요한 포자가 달리는 포자낭수(胞子囊穗)입니다. 자세히 보면 이 부분엔 벌집같이 육각형이 모여 있는데 익으면 벌어지고 그 속에서 포자가 나옵니다. 포자에는 각 4개씩 탄성이 있는 줄이 있어 대기가 습한지 건조한지에 따라 신축운동을 하면서 녹색의 포자를 멀리 보내며 종족을 번식시키는 것이지요.

쇠뜨기의 생식경에 달린 포자낭수(위)
쇠뜨기의 영양경(아래)

이런 비상도 다 끝나고 나면 이 갈색 줄기는 사라지고, 우리가 비로소

식물임을 느낄 수 있는 녹색 개체가 다시 생겨납니다. 엽록소가 있어 초록으로 보이며 광합성을 해서 영양분을 만드는 일을 하지요. 그래서 이를 '영양경(營養莖)'이라고 부릅니다.

쇠뜨기의 생식경과 영양경은 옆에 있어도 같은 식물인지를 상상하지 못할 만큼 다른 모습을 하고 있습니다. 원시식물의 특징이죠. 우리가 흔히 알고 있는 고등식물은 쇠뜨기같은 원시적인 모습에서 점차 진화한 것입니다. 따로 있던 영양경과 생식경은 관리하기 쉽도록 하나의 줄기에 영양을 담당하는 초록잎과, 생식을 담당하는 꽃이 함께 달리게 됩니다. 다양성을 높이고 유전정보를 더 효율적으로 전달하려고 포자가 아닌 종자로 만들게 되고, 여기서도 무작정 많이 만들어 바람에 날려 보내는 위험성 높은 방식보다는 특정한 타깃을 만들고 곤충의 힘을 빌어 안정성 높은 방식을 골라가게 됩니다. 물론 이러기 위해 색과 향기는 물론 가지가지의 장치들이 등장하기 마련입니다. 그려려니 오죽 힘들겠습니까?

일시적인 쇠뜨기의 모습을 보자니, 다람쥐 쳇바퀴 돌 듯 허겁지겁 힘겹게 살아가는 삶을 과감히 포기하고 다소 불편하지만 간소하고 평화로운 자연으로 돌아가 사는 사람들의 모습을 보는 듯합니다. 해가 갈수록 그렇게 살고 싶다는 생각이 머리에서 떠나지 않는군요.

쇠뜨기의 생식경과 영양경은 옆에 있어도 같은 식물인지를 알아보지 못할 만큼 다른 모습을 하고 있습니다.

2003년 2월 9일

겨울을 견디고 돋아나는 냉이

냉이와 꽃다지 군락

추운 겨울 동안 땅에 납작 붙어 지내다가 봄에 하얀 꽃을 피어

입춘이 지났는데도 찬 기운이 거셉니다. 정월대보름에 부럼을 깨물며 한 해의 더위를 팔고, 오곡밥이나 대보름나물도 드셨는지요. 대보름에 먹는 나물은 대부분 묵나물이 많습니다. 취나물, 고사리, 시래기 등은 모두 지난해에 따서 말려두었던 것을 다시 물에 담궈 부드럽게 하여 무쳐 먹습니다. 예전에는 음력 정월에 이런 묵나물 외에는 푸른 잎을 구경하기 어려웠습니다. 그나마 묵나물이 있었기에 부족하기 쉬

냉이 꽃

운 영양분을 보충할 수 있었는데 사실 묵나물만이 갖는 독특한 맛도 있습니다.

　냉이는 이런 어려운 시기가 지나 언 땅이 녹을 때 돋아나는 대표적인 봄나물입니다. 묵은 잎이 아니라 새잎인 것이지요. 냉이의 향기는 생각만 해도 그윽하게 느껴집니다. 결각이 심한 잎새들이 방석처럼 둥글게 펼쳐져 있고 그 사이에 가녀린 줄기가 나와 희고 작은 꽃송이들이 매달립니다. 이 냉이의 겉모습은 동정심을 유발할 만큼 여리지만 삶 자체만큼은 강인하기 이를 데 없습니다.

　냉이는 토종식물이라고 말할 수 있지만 아주 오랜 옛날로 거슬러 가면 이 땅에 절로 자라지 않았답니다. 농사짓는 문화의 전파와 함께 중국을 통해 우리나라에 따라 들어왔고, 다시 일본으로 퍼져나갔지요. 지금은 전세계에 살고 있는 식물이 되었습니다.

　그 저력은 우선 열매에서 볼 수 있습니다. 이른 봄에 흰 꽃이 피었다가 지고 나면 그 자리엔 거꾸로 매달린 삼각형의 열매가 달리지요. 줄기가 자라면서 꽃은 계속 피어 가고 먼저 꽃핀 자리에는 열매가 익기를 한동안 계속합니다. 기록에 따르면 $1m^2$의 면적에 약 100포기의 냉이가 서식할 경우 거기서만 만들어지는 열매의 수가 4만 개에 이르고, 씨앗의 수는 120만 개에 달한답니다. 가는 냉이의 모습을 생각해 보면 상상하기도 어려울 정도로 많지요.

　더욱 놀라운 것은 냉이는 환경이 나쁜 곳에선 잘 자라지 못해도 오히려 열매는 열심히 맺습니다. 그 결과 비옥하거나 척박한 곳이나 이 씨앗의 생산력은 비슷하다고 하니 어려움을 어려움으로 생각하지 않는 식물이라고 할 수 있습니다.

냉이는 두해살이풀입니다. 기후에 따라 좀 다르지만 조금 따뜻한 곳에 가면 늦은 봄이면 이미 열매를 맺고 어떠한 계기로 씨앗에 볕이 들고 해서 싹을 틔워, 둥글게 모여 달려 바닥에 납작 엎드린 잎들이 있습니다. 그런 상태로 겨울을 나는 것이지요. 일생의 반 이상을 이렇게 고난의 시기를 견디며 보냅니다. 대신 봄이 왔을 때, 더 빨리 싹을 올릴 수 있습니다. 더욱이 이런 잎의 포기가 크면 클수록 이듬해 더욱 튼튼하고 좋은 포기를 만들 수 있답니다. 웬만하면 추위와 만나는 부분을 작게 만들어 피하고 싶을 만한데 냉이는 온 몸으로 그 어려움을 극복하고 도약해 새 봄의 주인이 되는 것이지요.

그렇게 자란 냉이는 넉넉하게 퍼져나가 봄의 입맛을 돋우는 향기로운 봄나물이 되기도 하고, 간이나 고혈압에 약이 되기도 합니다. 이 추위가 가고 나면 냉이를 찾아 이른 봄나들이를 한번 계획해 보십시오.

1㎡의 면적에 약 100포기의 냉이가 서식할 경우 거기서만 만들어지는 열매의 수가 4만 개에 이르고, 씨앗의 수는 120만 개에 달한 답니다.

2004년 2월 16일

빠져들수록 멋진
양치식물의 세계

관중 군락

고등식물 가운데 가장 원시적이지만 고생대부터 살아남아

식물을 전공하는 사람들은 줄어드는데 일반인들의 관심은 폭발적으로 늘어나는 것 같습니다. 책을 만들어 세상에 내놓거나, 부족한 지식과 생각을 이렇게 편지 형식으로 드러내면서도, '나같은 사람이나 풀과 나무에 정신이 팔려 다니는 거지…' 싶어 늘 걱정인데 되돌아오는 사랑과 관심은 과분할 정도로 대단합니다.

양치식물(羊齒植物)은 쉽게 말해 고사리 종류라고 생각하면 됩니다. 우리는 양치식물 고사리를 시장에 나오거나 밥상에 오르는 나물로 아는 것이 고작이지요. 더러 고비로 알기도 하고 말입니다. 산에서 싱그러운 잎을 펼쳐놓으면 대부분 잘 모릅니다.

우리나라에 서식하는 양치식물은 200종류가 넘고, 미기록종(우리나라에 분포하는 것으로 알려져 있지 않았으나 새롭게 자생식물임이 확인되는 종)까지 합치면 그 수는 훨씬 많습니다. 양치식물을 잘 아는 이가 드물고, 쉽게 알기도 어려운 이유는 씨앗이 아닌 포자(胞子)로 번식하기 때문입니다. 화려한 꽃잎이 없으면 눈에 잘 뜨이지도 않으니까요.

한번 보아선 쉽게 구별하기 어려운 것이 양치식물입니다. 같은 초록색 잎이 몇 번이나 갈라지는가, 갈라진 작은 조각들은 그 모양이 어떠한가, 작은 잎맥은 서로 영원한 평행인가 아니면 그물처럼 얽혀 있는가, 씨앗 대신 달리는 포자주머니들은 어떤 모양인가, 뚜껑은 덮여 있는가 등의 섬세한 특징을 살펴야 식별을 하게 되니 식물을 공부하는 사람들조차 한동안 멀리하게 마련입니다.

그러나 일단 이 양치식물의 세계에 들어가면 들어갈수록 멋진 세상으로 빠져듭니다. 자연의 세상을 엮어가는 그 정교한 구성원을 찾아가는 일도 경이롭지만, 화분에 심어 오래오래 키우면 그 깊이를 더해갑니다. 봄에 돌돌 말려 돋아나는 새순의 모습은 그 어떤 예술작품보다도 경이롭고 신비합니다.

제가 일하는 국립수목원에서는 매주 금요일 양치식물 세미나가 열립니다. 이렇게 복잡해 아무도 관심을 두지 않을 듯한 식물에 대해, 그것도

꿩고비 새싹

꿩고비 생식경과 영양경

지극히 학술적인 행사에 매주 전국에서 몇 십 분씩 모여 들고 관찰하곤 합니다. 물론 학자도 있지만 다른 직업이 있으면서 개인적인 취미로 양치식물을 공부하는 분들이 더 많으니 참으로 놀랍습니다.

아마추어와 학자들이 서로 도우며 식물 분야를 키워가는 이웃나라를 부러워하며 '식물 문화의 발전이 곧 그 나라의 척도'라고 생각해왔는데, 이제 우리도 선진국 대열에 들어가는 것 같습니다. 이런 분들의 말씀을 들어보면 처음에 돈을 주고 비싼 난초나 분재를 키우던 취미에서, 꽃이 고운 야생화로, 그리고 결국에는 꽃이 피지 않고 포자로 번식하는 양치식물에 마음이 옮겨갔다는군요.

양치식물은 포자번식을 한다는 점에서는 같지만 관다발이 있어서 이끼류(선태식물)와 다른 고등식물로 분류합니다. 하지만 고등식물 중에서는 가장 원시적인 식물이라고 할 수 있습니다. 헤아릴 수조차 없이 오래된 고생대부터 이 지구상에 살아온 그 원시적인 분류군의 새로운 매력에 빠져버린 분들이 저뿐만이 아닌 듯하여 기쁩니다. 그 세계에서 무엇이든 찾을 수 있음을 저는 믿습니다.

 양치식물은 포자번식을 한다는 점에서는 이끼류(선태식물)와 같지만 관다발이 있어서 고등식물로 분류합니다. 양치식물은 그 중에서도 가장 원시적인 식물이라고 할 수 있습니다.

2004년 2월 22일

5년 기다려 꽃피는 얼레지

얼레지 군락

5년 기다려 꽃피는 얼레지, 나물로 먹어서야

며칠 전 백양산 자락으로 산행을 다녀오신 분이 카메라에 봄소식을 담아 오셨더군요. 봄이 코 앞에 왔음을 느끼긴 했지만 '벌써!' 하는 마음이 들었습니다.

지난 며칠간 날씨가 포근했던 까닭에 이곳저곳에서 움트고 있는 봄의 움직임이 더욱 확연히 감지됩니다. 반가움도 있지만 이러다가 조만간 불어닥칠 꽃샘추위나 꽃을 찾는 인파에 식물이 훼손되지 않을까 걱정도 큽니다. 짚신 장사와 우산 장사를 하는 아들을 둔 어머니가 비오는 날과 맑은 날 모두 걱정이듯 말입니다.

이런 봄이면 생각나는 꽃 가운데 얼레지가 있습니다. 식물 공부를 시작한지 얼마 되지 않았을 때 얼레지가 정말 곱다고 생각한 적이 있었습니다. 그래서 남해 금산을 비롯해 점봉산, 설악산 같은 온갖 크고 높은 산을 돌아다닌 경험이 있습니다. 왜 얼레지가 좋았을까요? 아기 손바닥처럼 넙적하며, 자줏빛 얼룩이 진 녹색의 두터운 잎 사이로 꽃자루가 올라오면 고개 숙여 다소곳이 맺혀있던 꽃봉오리는 이내 여섯 장의 꽃잎을 한껏 펼쳐내며 드러난 자신의 개성을 드러냅니다. 여느 꽃들처럼 그저 활짝 꽃잎을 벌리는 것이 아니라 완전히 뒤로 젖혀 꽃잎의 뒷면들이 서로 잇닿을 정도입니다.

그러면 꽃잎 안으로 보랏빛 암술대며 이를 둘러싼 수술대가 고스란히 드러나지요. 산골의 수줍던 처녀치고는 파격적인 개방입니다. 글쎄요, 그 자유로움이 좋았을까요?

그런데 이 얼레지는 숲에서 보아야지, 자신의 것으로 탐내서는 안 됩니다. 우선 씨앗을 뿌려 싹이 트고 꽃이 피기까지 5년 정도는 족히 기다려야 합니다. 우리가 만나는 그 어여쁜 모습은 그냥 쉽게 이루어지는 것이 아니지요. 이 식물이 탐이 난 나머지 욕심을 내 한 포기 캐어가려고 했던 경험이 있는 분이라면 그 일이 거의 불가능하다는 것을 알고 계실 것입니다. 땅 속에는 둥근 덩이줄기가 있고 그 덩이줄기엔 가늘고 긴 땅속줄기가 이어져 있는데 이 부분까지 무사히 옮겨와 살리기란 거의 불가능합니다.

재미난 것은 땅속줄기의 길이로 이 얼레지의 나이를 대략 알 수 있는 겁니다. 매년 땅속 덩이줄기의 길이만큼 땅속으로 깊이 들어간다고 생각하시면 됩니다. 만일 땅속줄기가 땅속으로 60㎝ 정도 들어가 있는데 덩이줄기의 길이가 3㎝ 정도라면 20년쯤 되었다고 할 수 있지요. 그 가녀린 풀이 말입니다.

대부분의 땅속줄기는 땅 속에서 양분을 저장해 커 나가지만 얼레지는 잎이 광합성을 해 만든 양분을 덩이줄기에 저장합니다. 이듬해 그 덩이줄기가 양분을 모태로 올려 보낸 뒤 죽고 나면 그 밑에, 그러니까 올해의 덩이줄기 길이만큼 땅 속으로 들어간 부분에 매년 새로운 덩이줄기가 생겨 다시 한 해의 양분을 비축하게 됩니다.

주의해야 할 것은 얼레지가 매년 덩이줄기에 한 해 살아갈 것만을 저장해 사용한 뒤 죽고, 다시 만들기를 거듭하므로 만일 우리가 얼레지 잎으로 만든 나물이 맛있다고 잎을 모두 따 버리면 내년에 꽃을 만들 양분을 비축할 방법이 없어져 생명을 이어가기 어려워진다는 점입니다. 대부분의 산나물이 눈(芽)만 살려 놓고 잎을 다 따도 얼마든지 새로운 잎을 얻을 수 있는 것과는 아주 다릅니다.

그래서 저 같으면 아무리 부드러운 맛이 좋다 해도 그냥 바라보기도 아까운 얼레지를 나물로 먹겠다고 잎을 따는 일일랑 하지 않겠습니다. 봄나물은 식물이 주는 향긋한 선물임에는 틀림없지만 그 선물에 대한 고마움이 있다면 얼레지 같은 봄 식물이 처한 어려움도 배려할 필요가 있다고 생각합니다.

 얼레지는 땅속줄기의 길이로 나이를 대략 알 수 있는데, 매년 땅속 덩이줄기의 길이만큼 땅속으로 깊이 들어간다고 합니다.

책으로 묶어내며

나무 한 그루 풀 한 포기의
존재의 아름다움을 깨달으며

식물을 연구하는 사람들도 식물의 모든 것을 다 아는 것은 절대 아닙니다. 저처럼 식물분류를 공부한 사람은 식물들의 모습이 어떻게 서로서로 다르고 같은가를 분석하여, 정확한 이름을 붙여주는 연구를 합니다. 그것도 지구상에 살고 있는 수 없이 많은 식물 중에서 일부만을 연구대상으로 삼고 있습니다. 그 외의 식물학은 식물들이 살아가는 시스템을 보는 생태학, 생리학 나아가 재배학에 이르기까지 다양한 분야로 나누어져 있습니다.

그러니 식물분류학의 한 구석을 조금 공부한 제가 감히 우리 숲에서 더불어 살아가는 식물들의 삶을 살펴보자고 시작한 이 '광릉 숲에서 보내는 편지'가 얼마나 힘에 겨웠겠습니까? 그런데도 편지쓰기는 아직 끝내지 못하고 있습니다. 석 달만 하자고 시작했던 일이 벌써 2년이 넘었습니다.

처음 시작은 식물의 삶에 대한 평범한 궁금증, 당연하게 받아들였던 자연현상, 식물의 겉모습 속에 숨은 이치 같은 것을 그때그때마다 시간의 흐름과 함께 하나씩 알려드리고자 하였습니다. 하지만 식물이 살아가는 이야기를 한다는 것은, 우물 안 개구리가 감히 세상을 이야기하려는 것과 같은 시도였습니다. 시간이 흐르면서 이 편지쓰기를 통해 식물공부의 기본과 삶의 진실에 대해 깊이 생각하게 되었습니다. 식물에 대해 얼마나 알고 있는지, 무엇을 모르는지, 얼마나 모르는지를 스스로 알아가는 부끄러운 과정이었습니다.

하지만, 아직 이 편지쓰기를 끝내지 못하는 것은, 식물의 세계를 통해 얻어지는 그 체험이 너무나 소중하여 차마 중단할 수가 없기 때문입니다.

움직이지 못하고 한 자리에서 가만히 머물러 있기만 하는 줄 알고 '식물인간', '식물국회'란 말을 쓸 때 곧잘 부정적 의미로 쓰이는 '식물'의 세계가 들여다보면 볼수록 오묘합니다. 더 많은 종족의 보존이란 사명을 다하기 위해, 갖은 전략을 세워 꽃을 피우고 열매를 맺고 다시 새싹이 돋는 과정이, 바로 수 십 억년 지구라는 자연계에서 도전과 순응을 되풀이 하며 진화해온 식물의 세계입니다. 때로는 사람들이 사는 세상이 이 식물의 세계와 꼭 닮아 있어서, 때로는 한 수 위라는 생각이 들어 더욱 경이로웠습니다.

십 년 전 쯤 『우리가 정말 알아야 할 우리나무 100가지』라는 저의 첫 책을 만들면서 얻은 큰 소득이 머리로 나무를 공부해 지식만을 쌓은 연구자에서, 비로소 나무 한 그루 한 그루를 마음에 담은 행복한 식물학자로 거듭났다면, 이제는 이 책 『광릉 숲에서 보내는 편지』의 글을 통해, 나무 한 그루, 풀 한 포기의 존재의 아름다움을 읽고 느끼고 사랑하게 되었습니다. 식물에 대한 진정한 개안을 하고 있다는 생각이 듭니다.

이러한 변화는 저 혼자만의 것이 아닌가 봅니다. 저와 같은 시선으로 함께 느끼고 놀라고 공감하는 참으로 많은 식물 친구들을 만났습니다. 이 지면을 빌려 그간 메일

　로 편지로 혹은 마음으로 격려를 주신 수많은 분들께 꼭 감사의 마음을 전하고 싶습니다. 때로 너무나 많은 일이 한꺼번에 몰려서, 컴퓨터가 다운되는 바람에, 적합한 답변을 찾지 못한 사이 시간이 너무 지나버려 답장을 드리지 못한 분께는 죄송한 마음을 전합니다.

　이 책은 해가 두 번 바뀌도록 「한국일보」에 매주 1회 연재했던 '광릉 숲에서 보내는 편지'를 다듬고 사진을 보태어 묶어낸 것입니다. 이 글이 연재되기까지 애써주신 여러분께 감사드립니다. 선뜻 좋은 사진들을 내주신 여러분께도 감사드립니다. 또한 이 책이 '자연을 담은 책, 자연을 닮은 책'을 펴내고자 애쓰는 작은 출판사, 지오북의 첫 책이 된 점도 기쁘게 생각합니다. 마지막으로 매주 이 편지를 쓰느라 함께 보내야 할 시간을 자주 빼앗겼지만 늘 따듯한 마음으로 감싸주는, 세상에서 가장 소중한 가족에게 깊이 감사드립니다.

　이 책은 편지를 받고 풀과 나무 그리고 자연을 읽어 보셨던 모든 분들의 책입니다.

2004년 3월 15일
광릉 숲 국립수목원에서
이유미

생명온기 가득한 우리 숲 풀과 나무 이야기
광릉숲에서 보내는 편지

초판 1쇄 발행 2004년 3월 30일
초판 10쇄 발행 2018년 3월 30일

지은이 이유미

펴낸이 황영심
펴낸곳 지오북(**GEO**BOOK)
주소 서울특별시 종로구 사직로8길 34, 오피스텔 1018호
Tel_ 02-732-0337
Fax_ 02-732-9337
eMail_book@geobook.co.kr
www.geobook.co.kr
cafe.naver.com/geobookpub

출판등록번호 제300-2003-211
출판등록일 2003년 11월 27일

ⓒ 이유미 2004
지은이와 협의하여 검인은 생략합니다.

사진 도움주신 분 강교석 김건옥 김영환 김용현 김진석
문순화 박진영 서민환 우종영 이영주
편집디자인 서동희

ISBN 89-955049-0-0 03480

이 책은 저작권법에 따라 보호받는 저작물입니다. 이 책 내용과
사진의 저작권에 대한 문의는 지오북(**GEO**BOOK)으로 해주십시오.